U0397272

城市韧性评估

理论、方法和案例

王 军 刘耀龙◎编著

华东师范大学出版社

·上海·

图书在版编目（CIP）数据

城市韧性评估：理论、方法和案例/王军,刘耀龙
编著.—上海：华东师范大学出版社,2022
ISBN 978-7-5760-2402-9

Ⅰ.①城… Ⅱ.①王…②刘… Ⅲ.①城市—灾害—
风险评价—研究 Ⅳ.①X4

中国版本图书馆 CIP 数据核字(2022)第 015073 号

城市韧性评估：理论、方法和案例

编　　著　王　军　刘耀龙
项目编辑　刘祖希
审读编辑　陈雅慧
责任校对　廖钰娴　时东明
装帧设计　卢晓红

出版发行　华东师范大学出版社
社　　址　上海市中山北路 3663 号　邮编 200062
网　　址　www.ecnupress.com.cn
电　　话　021-60821666　行政传真 021-62572105
客服电话　021-62865537　门市(邮购)电话 021-62869887
地　　址　上海市中山北路 3663 号华东师范大学校内先锋路口
网　　店　http://hdsdcbs.tmall.com

印　刷　者　上海景条印刷有限公司
开　　本　787×1092　16 开
印　　张　16
字　　数　261 千字
版　　次　2022 年 2 月第 1 版
印　　次　2022 年 2 月第 1 次
书　　号　ISBN 978-7-5760-2402-9
定　　价　78.00 元

出 版 人　王　焰

(如发现本版图书有印订质量问题,请寄回本社客服中心调换或电话 021-62865537 联系)

前　言

　　城市是人类生存和发展的重要载体,也是人与地相互作用的主要阵地。为了应对气候变化、经济全球化以及快速城市化带来的灾害风险、经济危机和环境污染,城市学家不断提出诸如生态城市、低碳城市、绿色城市、海绵城市、幸福城市、数位城市、泛在城市、智慧城市、感知城市、应变城市、永续城市以及韧性城市等城市发展的新理念和新思想。韧性城市提供了一种新的思路和理论体系来解决城市稳定发展需求与内外部干扰不可预测性之间的矛盾,并在城市安全发展和灾害防治领域开展了一系列的理论研究和实践应用。从系统性风险防范的视角看,韧性城市是城市规划发展过程中一次理论的突破,该理论整合了城市规划、应急管理、风险评估以及社会治理等多种理论与方法,为实现城市可持续发展提供一种新的范式,即将灾害风险识别和评估、城市风险管理、灾害韧性评估纳入到统一的韧性城市规划体系中,从源头将“风险管理”理论应用到城市减轻灾害风险的实践中。因此,城市韧性评估与建设是实现城市应急管理与可持续发展有机融合的重要路径,并已成为城市灾害风险综合防范的重要探索方向之一。

　　作为国家社会科学基金重大项目“多灾种重大灾害风险评价、综合防范与城市韧性研究(编号:18ZDA105)”、国家自然科学基金项目“灾害韧性视角下广布型风险的驱动机制辨析与多尺度风险评估(编号:71901159)”和“暴雨内涝与动态交通耦合作用下城市急救医疗服务能力评估与优化策略(编号:41971199)”的研究成果,本作在广泛参阅国内外城市韧性研究相关文献和研究报告的基础上,系统探讨了城市韧性的概念与特征,城市韧性评估的基本理论、基本方法和应用案例,并且讨论了基于灾害风险视角的城市韧性评估与建设的理论框架。本书共分五章:第一章介绍了韧性和城市韧性的概念和特征;第二章论述了工程韧性理论、生态韧性理论、社会—生态韧性理论、城市韧性演化机理、“公共安全三角形”模型、韧性棱镜与韧性红利等城市韧性评估的基本理论或观点;第三章和第四章选择洛克菲勒基金会（RF）—100 韧性城市（100 Resilient Cities）、联合国防灾减灾署（UNDRR，原联合国国际减灾战略 UNISDR）—让城市更具韧性（Making Cities Resilient，MCR）、地震和特大城市计划（EMI）—城市风险韧性的测量指南（A Guide to Measuring Urban Risk Resilience）和欧盟（EU）—智能韧性测评体系（Smart Resilience）等 4 个国际研究计划或项目，探讨了城市韧性评估的代表性方法和应用案例；第五章在分析韧性城市建设和城市防灾减灾关系的基础上，初步提出了基于灾害风险视角的城市韧性建设的内涵与理论认知，为后续开展重大灾害风险综合防范视角的城市韧性建设策略研究奠定了基础。

全书由王军和刘耀龙策划、构思、整理、撰写、统稿并审定完成。在著作酝酿、成稿过程中，得到了许世远教授、陈振楼教授、张华明教授、殷杰教授等的大力支持和帮助；李梦雅、冯洁瑶、何冰晶、许瀚卿、江琴、单薪蒙、刘青、李睿等参与了原始素材的整理和校稿等工作，在此深表谢意。

本书可供从事城市灾害风险、城市韧性研究及城市规划的政府和企事业单位决策管理者、科研院所科技工作者和其他社会各界相关人员阅读参考，也可作为"城市韧性"相关课程的教材或参考资料，供高等院校师生使用。

作者在编著本书过程中参阅了大量国内外文献、应用案例以及网络资料等内容，由于资料来源多，虽尽可能做到规范化引用，但难免有所遗漏，在此向各位原作者表达诚挚的谢意，如涉及版权，请联系作者。本书的出版得到了华东师范大学地理科学学院、华东师范大学出版社的大力支持，在此表示诚挚谢意！

由于作者水平有限，书中难免有不足和纰漏之处，恳请读者不吝指教。

王　军　刘耀龙

2021 年 7 月

目 录

第四章
城市韧性评估的应用案例

第五章
灾害风险视角的城市韧性建设思考

第一节　韧性与城市韧性

一、韧性的概念

1. 概念及演变

"Resilience"这一单词的词源是拉丁语词汇"Resilio",原意是"回弹至初始状态、跳回(原来的状态)"(Klein 等,2003),后来法语和英语先后引入了这个词汇(邵亦文和徐江,2015),至今则演变成英语的"Resile",国内学者将这个词翻译为弹性、恢复力、御灾力(抗灾能力)①或韧性。韧性最早是物理学和机械学领域的概念,用来指物体或材料在外力作用下发生形变后恢复的能力(也译为"弹性"),或材料在没有断裂或没有完全变形的情况下,因受力发生变形并储存恢复势能的能力(Gordon,1978;李宁和张正涛,2018)。1973 年,加拿大系统生态学家克劳福德·斯坦利·霍林(C. S. Holling)在其著作《生态系统韧性和稳定性》中提出"生态系统韧性"的概念,将韧性概念引入生态学范畴,用来描绘生态系统承受压力及恢复到原有状态的能力(Holling,1973);1981 年,Timmerman 将其引入社会学领域,且定义为系统或系统的一部分遭受灾害事件的打击并从中恢复的能力(李宁和张正涛,2018)。1996 年,霍林系统讨论了"生态韧性"和"工程韧性"的区别与联系(Holling,1996),并于 2002 年将生态韧性概念运用于人类社会系统(Gunderson 和 Holling,2002)。与此同时,Adger(2000)调查了社会恢复力和生态恢复力之间的联系,将社会恢复力定义为人类社会承受外部对基础设施的打击或扰动(如环境变化,社会、经济或政治的剧变等)以及从中恢复的能力。2004 年,Walker 等开

---

① 《2009 UNISDR 减轻灾害风险术语》中文版将"Resilience"翻译为"御灾力",详见 http://www.unisdr. org/files/7817_UNISDRTerminologyChinese. pdf. ;《减轻灾害风险指标和术语问题不限成员名额政府间专家工作组报告(A/71/644)》(2016)中文版将"Resilience"翻译为"抗灾能力",详见 http://www. preventionweb. net/files/50683_oiewgreportchinese. pdf.

始讨论社会生态系统(SESs)的韧性,由此产生"社会—生态韧性"的概念(Walker等,2004)。时至今日,韧性概念被广泛应用于社会生态治理、城市发展规划和灾害风险管理等诸多领域。

关于韧性的概念或定义,牛津英语辞典的解释是[①]:(1)从困难中迅速恢复的能力;(2)弹性物质或物体恢复形状的能力。韧性联盟(Resilience Alliance)将韧性定义为[②]:社会生态系统吸收或抵抗扰动及其他压力的能力,它使得系统保持在同一制度内,基本上保持其结构和功能,描述了系统能够自我组织、学习和适应的程度。联合国国际减灾战略署(UNISDR,现称 UNDRR)于 2009 年对"韧性"术语作出界定,即暴露于致灾因子下的系统、社区或社会,及时有效地抵御、吸纳和承受灾害的影响,并从中恢复的能力,包括保护和修复必要的基础工程及其功能(UNISDR, 2009);2016 年联合国将其定义更新为:一个遭受到危害的社区或社会以及时有效的方式抵御、吸收、调节、适应、改变灾害的影响,并从中恢复的能力,包括用风险管理来保护和恢复其必要的基本结构和功能(United Nations,2016)。韧性在不同领域具有不同内涵,生态学、物理学、经济学以及城市规划学都对韧性作过定义(表 1-1)。例如,生态学认为,韧性是指系统内部结构的持续性和系统承受外来因素干扰的能力,也是系统在受到干扰破坏后还能保持功能并实现自我修复的能力;物理学认为,韧性是物体受外力作用而产生的形变,经过一段时间可恢复到原来状态的一种特性;经济学认为,如果两个经济变量存在函数关系,则因变量对自变量变化反应敏感程度可用韧性来表示;在城市规划领域,韧性指城市系统遭遇危险时,通过抵抗、吸收和适应,及时从危险中恢复过来,使其所受影响减小的能力(陈利等,2017)。

表 1-1　韧性的定义

文　献	概　念	学　科
Wildavsky, 1988	韧性是遭受意料之外的危险时,在变形之前反弹回来的一种能力。	社会学
Holling 等,1995	韧性是系统的缓冲能力或吸收干扰的能力,或系统在改变自身结构之前,可以通过适当的改变来吸收干扰的量级。	生态学

①　参见 https://www.lexico.com/en/definition/resilience.
②　详见 https://www.resalliance.org/resilience.

第一章

城市韧性的概念与特征

图 1-0　萨拉·米罗

Urban resilience refers to the ability of an urban system-and all its constituent socio-ecological and socio-technical networks across temporal and spatial scales-to maintain or rapidly return to desired functions in the face of a disturbance，to adapt to change，and to quickly transform systems that limit current or future adaptive capacity.

—— Sara Meerow

Arizona State University

城市韧性是指城市系统(包括其内部各时空尺度上的社会生态网络和社会技术网络)在面对干扰时，维持或迅速恢复到所需功能的能力、适应变化的能力以及当前或未来适应力受限时系统的快速转换能力。

—— 萨拉·米罗

美国亚利桑那州立大学

续　表

文　献	概　念	学　科
Horne 和 Orr, 1997	韧性是个体、组群和组织以及系统整体面临改变事件固有模式的巨变时,进行有效反应的基本素质,以此规避系统进入行为退化阶段。	心理学
Mallak, 1998	韧性是一个个体或组织迅速设计并实现与当时状况相匹配的积极适应性行为,并经受最小限度压力的一种能力。	精神病学
Mileti, 1999	地方韧性(Local Resiliency)指某地经受一场极端的自然灾害后,不需要大量外部协助并且不遭受毁灭性的损失和破坏,生产力不降低,生活质量不受影响的能力。	灾害学
Comfort, 1999	韧性是面对新的系统和工作条件,适应现有资源和技术的能力。	灾害学
Adger, 2000	韧性是指以适当的机构作为中介,通过它们应对并适应环境和社会变化的能力。社会韧性由诸如系统内的经济增长、收入的稳定性和分布、对自然资源的依赖程度、活动或功能中的多样性组成,迁移是其核心内容。	社会学
Paton 等,2000	韧性描述了一个自我调整,习得资源调动能力并获得成长的积极过程。鉴于个体的能力和之前的经历,该个体心理方面的表现远高于预期。	心理学
Kendra 和 Wachtendorf, 2003	韧性是对于异常或独特事件的反应能力。	应急科学
Cardona, 2003	韧性是受损的生态系统或社区吸收负面冲击并且从中恢复的能力。	灾害学
Pelling, 2003	韧性是某对象处理或适应危险压力的能力。	灾害学
Resilience Alliance, 2005	生态系统韧性是指一个生态系统在不发生崩溃、质变(由另一种规程所主导)的情况下所能够经受干扰的能力。一个具有韧性的生态系统经得起冲击,在必要的时候能够自我恢复。社会系统中的韧性还包括人类展望和规划未来的能力。	生态学
UNISDR, 2005	韧性是一个可能暴露于危险中的系统、社区或社会为了达到并维持一个可接受的运行水平而进行抵抗或发生改变的能力。这一能力的高低取决于该社会系统的自组织学习能力。	灾害学
IPCC, 2007	韧性指社会或生态系统在保持相同的基本结构和运作方式时接受干扰的能力、自我组织的能力、适应压力和改变的能力。	灾害学
Cutter 等,2008	韧性是一个系统对于自然灾害固有恢复能力的动态和循环认知。	灾害学
UNISDR, 2009	暴露于致灾因子下的系统、社区或社会,及时有效地抵御、吸纳和承受灾害的影响,并从中恢复的能力,包括保护和修复必要的基础工程及其功能。御灾力(Resilience)是一种受到打击时的"承受力"或"恢复力"。	灾害学
United Nations, 2016	抗灾能力(Resilience)是一个遭受危害的社区或社会,以及时有效的方式抵御、吸收、调节、适应、改变灾害的影响,并从中恢复的能力,包括用风险管理来保护和恢复其必要的基本结构和功能。	灾害学

文　献	概　念	学　科
张垒，2017	所谓"韧性"，一是指从变化和不利影响中反弹的能力，二是指对困难情境的预防、准备、响应及快速恢复的能力。	城市规划学
刘严萍等，2019	韧性是系统对于扰动（涵盖系统外部和内部各类扰动因子）的抵抗力，及其在抵御冲击过程中，向新的稳态过渡期间吸纳扰动的最大能量，同时通过实现新的稳态而获取的自身抵御能力变化的轨迹。	城市规划学

注：本表根据表格中的文献进行整理或翻译。

关于韧性概念最先应用的领域国外学术界尚存在争议（Manyena，2006），如Batabyal（1998）认为是生态学，van der Leeuw 和 Leygonie（2000）则认为是物理学。而不少文献认为韧性源于 20 世纪 40 年代的心理学和精神病学研究（Waller，2001；Johnson 和 Wielchelt，2003），如在对病原学的理解和精神病理学的发展过程中，韧性概念得以具象化，尤其是精神病理学对于儿童"面临危险"精神失常的归因分析（Masten，1999；Rolf，1999），产生了诸如"韧性（Resilience）"、"抗压性（Stress-resistance）"和"非脆弱性（Invulnerability）"等术语。当然，由于受到霍林（Holling，1973）关于生态韧性的开创性研究影响，多数学者认可韧性概念在生态学领域得到了较早的、系统性的应用（Blaikie 和 Brookfield，1987；Levin 等，1998；Adger，2000；Stockholm Environmental Institute，2004）。国内学者李彤玥（2017）认为，2008 年之前关于韧性的研究是从"平衡"到"适应"、从"生态系统"到"社会-生态系统"，相应的韧性概念主要出现于工程学、生态学和社会学等领域。2008 年至今的相关研究是应对长期不确定性的韧性研究，即面对金融危机、全球气候变暖、极端灾害、城市恐怖袭击等不可完全预测的系统扰动，诸如国家、城市和社区等如何制定和实施针对性的适应性策略，相应的韧性理念被国家和区域规划、环境科学、公共管理学、计算机科学、社会学、经济学等诸多学科广泛应用。

在某些学科中，韧性和脆弱性的概念是相同、相关的（Klein 等，1998；Cardona，2003）。在早期的脆弱性研究中，大部分的脆弱性定义中都提及韧性一词（刘婧等，2006）。Manyena（2006）系统讨论了文献中二者定义的异同，其倾向于认为韧性和脆弱性互为组成要素。脆弱性可视为反映了本质上的物理、经济、社会和政治倾向，或一个社区遭受自然或人为造成的危险物理现象时表现出的敏感性。灾害韧性可视为系统的内在能力，社区或社会倾向于利用冲击或压力来改变其非核心属性,完成自我重建,从而更好地适应和生存。高脆弱性意味着低水平(而不是缺乏)的灾害韧性和有限的恢复能力(每个系统都有一定程度的韧性)。社会学、经济学认为韧性和脆弱性均是承灾体的属性,二者紧密相连、互为影响,既可以呈现负相关关系,也可以呈现正相关关系(李晶云和谷洪波,2012)。费璇等(2014)认为脆弱性是承灾体的一种属性,无论灾害是否发生,这种属性都是客观存在的。而韧性作为一个社会—生态复合系统暴露于灾害时,具有吸收、响应并从扰动中恢复或保持其原有结构和性质的能力,它能够使承灾体恢复到灾害发生前的状态,这同样是承灾体的一种客观属性,它会因承灾体的物理、社会、经济等条件的不同而不同。因此,脆弱性和韧性是一种此消彼长的关系,但由于承灾体的属性还受其他因素影响,所以这两者不是绝对对立的关系。

2. 三个基本概念

随着韧性理论的发展和韧性概念的应用,学术界逐渐形成了工程韧性(Engineering Resilience)、生态韧性(Ecological Resilience)、社会—生态韧性(Socio-Ecological Resilience)或演进韧性(revolutionary resilience)的概念,每一次韧性观念的转变都丰富了韧性的内涵(邵亦文和徐江,2015)。

(1)工程韧性　工程韧性来源于工程力学,是最早被提出的认识韧性的观点,指工程系统在受到扰动偏离既定稳定状态后,恢复到原始状态的能力,包括面对扰动的承受能力(工程坚固性)和快速恢复(修复)能力两个方面。从某种意义上来说,这种认知观点最接近人们日常理解的韧性概念,即韧性被视为一种恢复原状的能力(Ability to bounce back)(邵亦文和徐江,2015)。霍林(Holling,1973)最早把工程韧性定义为在被施加扰动(Disturbance)之后,一个系统恢复到平衡或者稳定状态的能力。Berkes和Folke(1998)认为工程韧性强调系统在既定的平衡状态区间的稳定性,因而其可以用系统对扰动的抵抗能力和系统恢复到平衡状态的速度来衡量。Wang和Blackmore(2009)认为与这种韧性观点相适应的是系统较低的失败概率以及在失败状况下能够迅速恢复正常运行水准的能力。总而言之,工程韧性强调系统有且只有一个稳态,而且系统韧性的强弱取决于其受到扰动脱离稳定状态之后恢复到初始状态的迅捷程度。

工程韧性强调物理系统的稳定性,系统承压后需要恢复到的状态是原有状态,即"工程韧性"强调的系统存在一个初始的均衡状态,受到扰动后,系统倾向于恢复到初始均衡。工程韧性经常与低故障率联系在一起，强调系统只存在一种平衡状态，其发展、变化是有序的、线性的（赵方杜和石阳阳，2018）。韧性的衡量就是系统对于扰动的抵抗能力以及从故障状态恢复到正常状态的速度与程度。工程韧性的单态均衡（Single-state Equilibrium）理念在灾害管理、心理学和经济学领域被普遍认同（Pendall 等，2010）。例如，把工程、材料、网络等当成具有单一稳定性的系统来看，韧性的特征可由恢复力来确定，即受到扰动胁迫后，系统功能恢复至原始平衡态越快，意味着该系统越有韧性（Herrera 等，2016；徐耀阳等，2018）。对于楼房建筑、道路交通、水利枢纽等重要的工程基础设施，韧性是重要的设计和建设目标，不仅关系到居民的生命财产安全，更是国土和国家安全体系的重要组成部分（Jennings 等，2013；徐耀阳等，2018）。在材料学和冶金学等领域，韧性表示材料在塑性变形和断裂过程中吸收能量的能力，一般采用韧性模量（Modulus）来评价（Zapata，2011；徐耀阳等，2018）。在计算机网络方面，韧性指的是面对自然灾害或外部攻击等正常运行状态下可能存在的挑战和风险时，网络系统提供和维持稳定服务的能力（Najjar 和 Gaudiot，1990；徐耀阳等，2018）。

（2）生态韧性　为了应对工程韧性对系统、环境特征及其作用机制所呈现的僵化、单一的解释，霍林等对韧性概念进行了修正和发展。1973 年，霍林在其著作《生态系统韧性和稳定性》中提出"生态系统韧性"的概念（Holling，1973），即"自然系统应对自然或人为原因引起的生态系统变化时的持久性"，并于 1996 年在其著作《工程韧性与生态韧性》中进一步辨析了"生态韧性"区别于传统"工程韧性"概念的特殊之处，指出这两种不同韧性定义源于对"稳定性"和"平衡"等概念的不同理解（Holling，1996）。具体而言，"工程韧性"关注单一的终极平衡状态（单态均衡），使用"系统恢复至平衡状态的速度"指标进行测度，"生态韧性"则关注系统的进化和发展，使用"系统在向另一个体制（Regime）转换之前能够承受的最大扰动量级"指标进行测度。Berkes 和 Folke（1998）也认为系统可以存在多个而非之前提出的唯一的平衡状态，扰动的存在可以促使系统从一个平衡状态向另一个平衡状态转化。即生态系统存在两种或多种平衡状态而非单一平衡状态，其发展、变化是复杂的、非线性的。这一认识的根本性转变，使诸多学者意识到韧性不仅可能使系统恢复到原始状态的平衡，而且可以促使系统形成新的平衡状态（Bouncing Forth）。由于这种观点是从生态系统的运行规律中得到的启发，因而被称作生态韧性,也被称为多态均衡(Multiple-state Equilibrium)韧性。

　　在生态韧性概念中,原有的平衡点是难以达到的,但可以通过从一个稳定域倾斜到另一个稳定域来进行转换,以达到一种新稳态,这种稳态属于波动许可的正常范围,而系统不仅仍能保持其功能,且可以通过学习过程而提升功能。生态系统的吸收能力和自(重)组织能力或新平衡态的吸收能力是衡量生态韧性的主要指标。对于生态韧性和工程韧性的异同,Liao(2012)认为生态韧性强调系统生存的能力(Ability to Survive),而不考虑其状态是否改变;而工程韧性强调保持稳定的能力(Ability to Maintain Stability),确保系统有尽可能小的波动和变化。Gunderson(2003)用杯球模型表征了两种韧性观点的本质区别(图 1-1,邵亦文和徐江,2015)。在该模型中,黑色的小球代表一个小型的系统,单箭头代表对系统施加的扰动,杯形曲面代表系统可以实现的状态,曲面底部代表相对平衡的状态阈值。在工程韧性的前提下,系统在时刻 t 因被施加了一个扰动而使得系统状态脱离相对平衡的范围。在可以预见的时刻 $t+r$,系统状态会重新回到相对的平衡状态。因此,工程韧性可以看作是两个时刻的差值 r。由此可见,r 值越小,系统会越迅速地回归初始的平衡状态,工程韧性也越大。这一结果非常类似于学者们

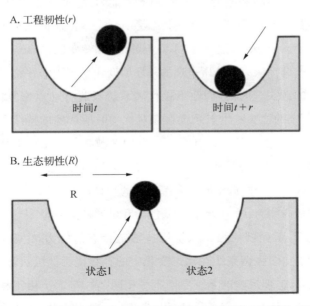

图 1-1　工程韧性(A)与生态韧性(B)的图示比较(邵亦文和徐江,2015)

对工程韧性的原始定义。在生态韧性的前提下，系统状态既有可能达成之前的平衡状态，也有可能在越过某个门槛之后达成全新的一个或者数个平衡状态。因此，生态韧性 R 可以被视为系统即将跨越门槛前往另外一个平衡状态的瞬间能够吸收的最大的扰动量级。

（3）社会—生态韧性　在生态韧性的基础上，随着对系统构成和变化机制认知的进一步加深，学者们基于生态韧性又提出了一种全新的韧性观点，即社会—生态韧性。霍林等于 2002 年在其著作《扰沌：理解人类和自然系统中的转变》中首次将生态系统韧性的概念运用于人类社会系统（Gunderson 和 Holling，2002），在此基础上提出"适应性循环"模型，描述社会—生态系统中干扰和重组之间的相互作用及其韧性变化。此后，Walker 等（2004）进一步讨论了社会—生态系统中韧性的特征与状态，认为社会生态系统不存在单态均衡或多态均衡，而是处于不断变化且没有稳定的动态非均衡（Dynamic Non-equilibrium）状态，即无论是否存在外界干预，系统的本质都会随时间产生变化，其在人与生态系统的互动关系基础上提出了社会—生态韧性。换言之，韧性不应该仅仅被视为系统对初始状态的一种恢复，而是复杂的社会—生态系统为回应压力和限制条件而激发的一种变化（Change）、适应（Adapt）和改变（Transform）的能力。Folke 等（2010）也认为现阶段的韧性思想主要着眼于社会—生态系统的三个方面，即韧性的持续性（Resilience as Persistence）、适应性（Adaptability）和转变性（Transformability）。

社会—生态韧性认为系统所呈现的是发展变化状态而非平衡状态，扰动正是系统不断变动的源头。因而，韧性不仅代表系统吸收扰动以恢复原始状态的能力，更包含了复杂的社会—生态系统在应对扰动时所产生的持续不断地学习、创新、适应和改变等方面的能力。社会—生态韧性抛弃了对系统平衡状态的追求，关注其非平衡状态的发展与演化，因而也被称为演进韧性。显然，社会—生态韧性被定义为和持续不断的调整能力紧密相关的一种动态的系统属性，其表征指标侧重于系统的适应能力、学习能力、创新能力和可变换能力等。

从本质上看，工程韧性强调系统维持稳定状态的能力，生态韧性尤其是社会—生态韧性则更多强调系统在动态变化中的存续能力。虽然都是对系统运行机制与规律的认知，但反映的系统层面不尽相同（表 1-2）。由工程韧性、生态韧性到社会—生态韧性"三重变奏"的过程，表现出三大代际递变规律：一是在认知前提上,从脆弱感知到强调韧性;二是在认知角度上,从简单结构到强调系统;三是在认知目的上,从追求平衡到强调适应。该变化体现出学界对韧性概念内涵认知的持续深入,也是对其外延进行不断完善和修正的过程(肖文涛和王鹭,2019)。

表1-2 韧性三个基本概念比较

概 念	定 义	特 征	指 标
工程韧性	系统受到扰动偏离既定稳态后,恢复到初始状态的速度	工程思维、单态均衡、系统有序且线性、扰动为非常态且概率较低、强调恢复力	恢复时间和速度
生态韧性	系统改变自身结构之前,所能够吸收的扰动的最大量级	生态学思维、多态均衡、系统复杂且多变、扰动为常态、强调抵抗力和稳健性	恢复时间、缓冲容量、持续时长
社会—生态韧性	和持续不断的调整能力密切相关的一种动态的系统属性	系统思维、动态非均衡(持续演化)、系统混沌且不可预知,扰动为常态且概率较高、强调学习力和适应性	学习能力、适应能力、创新能力、变革能力

总体来说,韧性概念包含了"危险(压力、冲击、灾害)"、"系统(个体、家庭、社区、城市、生态系统)"、"能力(抵抗、吸收、恢复、适应、调整)"等关键词,在生态学、灾害学、风险学、城市规划学等领域有着广泛应用。

二、城市韧性的概念

1. 城市韧性的概念

类似于其他领域,韧性理论应用于城市系统后出现了"韧性城市(Resilient city)"或"城市韧性(Urban resilience)"等基本概念(Marien,2005;徐耀阳等,2018)。这类概念的产生得益于生态学家、社会学家、灾害学家和城市规划学家以城市为系统,积极推动多学科研究和跨领域合作(Meerow和Newell,2016)。然而,由于城市系统内部的复杂性和外部扰动因素的多样性,城市韧性的概念自2002年在美国生态学年会上提出以来,虽经历十多年的讨论,但其详细的科学定义至今仍未达成广泛共识(Meerow等,2016)。在传统概念上,城市韧性和工程韧性的理论体系紧密相联,其定义主要关注城市中房屋建筑和道路交通等硬件基础设施系统对外部震动或突变(External Shock)引起损害的承载力和快速恢复至原来状态的能力(Cavallaro 等,2014)。如国际地方环境协会(现更名为"倡导地区可持续发展国际理事会",Local Governments for Sustainability-ICLEI)将韧性城市的核心归纳为：在长期发展中形成面对外来干扰能迅速恢复,承受自身内在变化后能保持相对稳定的城市；Barata-Salgueiro 和 Erkip(2014)认为城市韧性指一个具体的城市区域遭受多种灾害威胁之后为确保公共安全与健康受到的损害程度最小化目标所具备的预警、响应和恢复能力。该类定义中,城市系统的平衡态具有唯一性,韧性所应对的外部扰动要素明确而且可预测,韧性的特征要点包括抵御力、稳定性和恢复力。该定义的局限性可能在于只是关注城市中的"城"的物理结构,而没有考虑到城市在社会经济系统中作为"市"的功能(Eakin 等,2017)。用工程韧性的思维来定义城市韧性,是把城市系统的平衡态当成静止,无法在本质上把握城市系统平衡态的动态性和多样性(徐耀阳等,2018)。

有别于传统的基于工程韧性的概念体系,目前关于城市韧性的定义将城市当成高度复杂的适应性系统或系统中的"系统",由此进一步融合了生态韧性和社会—生态韧性的理论要点(Beilin 和 Wilkinson,2015)。如韧性联盟(Resilience Alliance)将韧性城市定义为[①]：城市系统能够消化、吸收外界干扰(灾害),并保持原有主要特征、结构和关键功能的能力；美国洛克菲勒基金会(Rockefeller Foundation)在"全球韧性百城(100 Resilient Cities)"计划中提出："城市韧性是一个城市内个人、社区、机构、行业及其所组成的系统,无论是经历突变性扰动还是缓慢性压力所具备的生存、适应和发展能力"(Spaans 和 Waterhout,2017)；Meerow 等(2016)综合城市研究和政策环境领域的相关研究,提出城市韧性的定义：城市系统及其社会—生态和社会—技术网络组分在时间和空间尺度上所具有的一种能力,即在面对干扰时维持或迅速恢复到所需功能的能力、适应变化的能力以及当前或未来适应力受限时系统的快速转换能力。近年来,虽然有不少学者从不同视角定义或阐述城市韧性的定义(表 1-3),但是其基本内涵和特征多基于社会—生态韧性概念。此外,社会学家、灾害学家与城市规划学家已经和生态学家一道深刻意识到城市不仅仅需要面对突变性扰动,同时还要应对缓慢性压力

---

① 韧性联盟(Resilience Alliance,RA)成立于 1999 年,是一个国际性的多学科研究组织,探索社会生态系统的动态发展。RA 成员跨学科合作,以促进对恢复力、适应力以及社会和生态系统转变的理解和实际应用,以应对变化和支持人类福祉,详见 https://www.resalliance.org/.

（邵亦文和徐江，2015；刘耀龙，2019）。因此，在城市韧性概念中，伴有不确定扰动、重大灾害和小型灾害、慢性压力、急性冲击、突发事件和危机等表述。

表 1-3 城市韧性的定义

文　献	概　　念	理　论
Alberti 等,2003	城市结构变化重组之前,所能够吸收与消化变化的能力和程度。	生态韧性
Godschalk，2003	可持续的物质系统与人类社区的结合体,而物质系统的规划应该通过人类社区的建设发挥作用。	工程韧性
Pickett 等,2004	系统在不断变化的条件下进行调整的能力。	生态韧性
Campanella，2006	城市从毁灭中恢复的能力。	工程韧性
Hamilton，2009	在灾害和其他危险面前恢复与继续履行其主要生活、商业、工业、政府和社会集会职能的能力。	社会生态韧性
Lamond 和 Proverbs，2009	城镇和城市能够从重大灾难与小型灾害中快速恢复的能力。	工程韧性
Brown 等,2012	动态有效地应对气候变化的能力,同时继续以可接受的水平运行,包括抵抗或承受冲击的能力以及恢复和重新组织以建立必要的功能,并最大程度地防止灾难性故障的能力以及充分发展的能力。	社会生态韧性
Brugmann，2012	城市资产、地理位置和/或系统在各种情况下提供可预测业绩的能力——收益、效用、相关租金和其他现金流量。	社会生态韧性
Henstra，2012	一个气候适应性强的城市,有能力承受气候变化的压力,有效应对与气候有关的危害,并迅速从残余的负面影响中恢复。	社会生态韧性
Liao，2012	城市在发生物理破坏和社会经济崩溃时,能够抵抗洪水并进行重组的能力,以防止人员伤亡和维持当前的社会经济特征。	社会生态韧性
Tyler 和 Moench，2012	城市系统及其所有组成部分的社会生态能力和跨时间、空间尺度的社会技术网络,面对干扰,适应变化来维持或迅速恢复到所期望的功能以及快速转换当前限制并适应未来的能力。	社会生态韧性
Wamsler 等,2013	一个具有抗灾能力的城市是具有如下管理能力的城市：（a）减少或避免当前和未来的危害；（b）减少当前和未来对危害的敏感性；（c）建立有效的灾害应对机制和结构。	社会生态韧性
费璇等,2014	一个社会—生态复合系统（这个系统可以是个人、家庭、社区、城市、国家等不同尺度）暴露于灾害时,在不损害其长期发展的前提下,能够吸收、响应并保护居民生命、生活以及相应基础设施免受扰动,并使其在自然灾害发生后得到修复的能力,这种能力是持续的、不断变化的。	社会生态韧性
周利敏,2016	城市即便经历灾害冲击也能快速重组和恢复生产生活,能够回到原有状态或创造新状态的能力。	工程韧性
张垒,2017	能够合理准备、缓冲和应对不确定扰动,拥有保持城市系统公共安全、社会秩序和经济建设等正常运行能力的城市。	社会生态韧性

续　表

文　献	概　念	理　论
陈长坤等，2018	当城市受到雨洪灾害的威胁时，在不受外界帮助的情况下，保持城市自身正常运转的基本结构不被破坏（即抵抗）、基本结构遭受破坏后能及时恢复城市正常秩序（即恢复）、不断学习调整内部结构以期下一次更好应对雨洪灾害（即适应）的能力。	社会生态韧性
庞宇，2018	受到外部冲击后，个人、社区、机构、企业与系统运行、适应和发展的能力。	社会生态韧性
肖文涛和王鹭，2019	在面对自然和社会的慢性压力与急性冲击后，特别是在遭受突发事件时，城市能够凭借其动态平衡、冗余缓冲和自我修复等特性，依然保持抗压、存续、适应和可持续发展的能力，确保快速分散风险、自动调整恢复稳定，由此做到抵御外来冲击和内部灾害的城市发展态势。	社会生态韧性
Resilience Alliance	城市韧性即城市在受到外界干扰后，仍能保持原有主要特征、结构和关键功能。	社会生态韧性
浙江大学韧性城市研究中心①	城市能够凭自身的能力抵御灾害，减轻灾害损失，并合理的调配资源以从灾害中快速恢复过来。长远的来讲，城市能够从过往的灾害事故中学习，提升对灾害的适应能力。	社会生态韧性

注：本表根据表格中的文献进行整理或翻译。

对于韧性城市的内涵和外延，中外学者论述的侧重点略有差异（肖文涛和王鹭，2019），如以协调内外系统循环为核心的韧性城市（Manyena，2006；Meerow 和 Newell，2016；何继新和荆小莹，2017）、以保持基础功能存续为核心的韧性城市（Godschalk，2003；Ahern，2011；范维澄，2015；谢起慧，2017）、以学习适应巨灾经验为核心的韧性城市（Lopez-Marrero 和 Tschakert，2011；廖桂贤等，2015；卢文超和李琳，2016；石婷婷，2016；周利敏和原伟麒，2017）和以保持结构稳定为核心的韧性城市（Mileti，1999；Adger 等，2005；邵亦文和徐江，2015；王祥荣等，2016）。

韧性城市的内涵中所蕴含的基本特征可归纳为以下四点（张明斗和冯晓青，2018）：第一，韧性城市要具备良好的可恢复力，这就要求城市一旦遭受灾害损失要能够实现快速而有效的恢复，并应加强日常灾害的预防与监测，从灾害预防、应急响应、灾后重建准备及灾害恢复等多个方面给予组织、技术、管理、物资和资金保障；第二，韧性城市要具备合理的控制能力，即城市要能够准确识别城市风险源，强化对外来风险的抵御能力，制定可靠有效的应急预案，即便城市在面对严峻

---

① 详见 http://www.rencity.zju.edu.cn/26324/list.htm.

的外界灾害时也能够实现强有力的控制,保持城市系统的有效运转;第三,韧性城市要拥有良好的组织能力,这是城市作为综合功能系统的必备条件,借自上而下的系统布局储备丰富的人力、物力及财力等资源,全面提升城市韧性;第四,韧性城市要具备特有的学习能力,应能够在灾害风险中及时总结经验教训,不断调整措施,向标杆城市学习,吸纳先进理念和措施,提高城市管理水平,提高城市"智慧化"程度。

此外,由韧性城市引申而来的还有"安全韧性城市"、"智慧韧性城市"等概念。安全韧性城市系指城市自身能够有效应对来自外部与内部的对其经济社会、技术系统和基础设施的冲击与压力,能在遭受重大灾害后维持城市的基本功能、结构和系统,并能在灾后迅速恢复、进行适应性调整、实现可持续发展的城市(黄弘等,2018)。安全韧性城市可以最大程度地减少公众的伤亡损失,维护社会的安全稳定。智慧韧性城市(Resilient Smart Cities)是智慧城市与韧性城市两个概念的复合(张家年,2018),智慧可用 Intelligence 表示,在拥有信息、知识和情报后,各领域才能呈现"智能"或"智慧";韧性城市则是具有应对各种风险、威胁和危机等战略抗逆力的城市。要构建智慧韧性城市,需要研究智慧韧性城市体系与城市风险动态评估精细化技术、城市防恐反恐、维稳关键技术、人员密集场所监控预警关键技术、立体化社区风险治理技术、城市生命线系统安全运行监测与预警关键技术、城市地铁安全运行保障关键技术、智慧韧性城市综合评价与安全规划技术等,并选取典型城市开展智慧韧性城市综合示范(范维澄,2015)。

2. 其他相关的概念

随着韧性概念拓展到城市规划与管理、公共安全科学、灾害风险科学、应急科学与工程等领域,城镇韧性、城市安全韧性、城市灾害韧性(城市灾害恢复力)、城市气候韧性(低碳韧性城市)等与城市韧性较为相关的概念陆续出现。如刘玮(2019)讨论了城市韧性与灾害韧性的异同,指出两者从韧性的主体(Resilience of What)和韧性的对象(Resilience to What)来看是有区别的。城市韧性的主体是包含着诸如城市生态系统、社会系统、经济系统等多个系统的城市系统,而城市韧性的对象是各种可能会对城市系统产生影响的各种干扰,这里的干扰既包含自然灾害、人为灾害,还包括不能归类为灾害的干扰。灾害韧性的主体是人,因为灾害对人的生存造成了威胁,其对象是人面临的各种自然灾害和人为灾害。根据韧性联盟(Resilience Alliance)的研究,韧性可以分为一般韧性(General Resilience)和特指韧性(Specified

Resilience)，城市韧性为一般韧性，而灾害韧性为特指韧性。虽然城市韧性与灾害韧性有以上的区别，但在研究中很多学者自然地将自然灾害作为城市韧性的对象，并未严格地将城市韧性、城市灾害韧性两个概念区分开来。考虑到其他概念与城市韧性的交互性，这里仅列举海绵城市和气候适应型城市两个概念加以评述。

（1）海绵城市

海绵城市，是新一代城市雨洪管理概念，是指城市在适应环境变化和应对雨水带来的自然灾害等方面具有良好的"弹性"，也可称之为"水弹性城市"。国际通用术语为"低影响开发（Low-Impact Development，简称 LID）雨水系统构建"，下雨时吸水、蓄水、渗水、净水，需要时将蓄存的水"释放"并加以利用。"海绵城市"这一概念在 2012 年 4 月的"2012 低碳城市与区域发展科技论坛"上首次被提及；2013 年 12 月 12 日，习近平总书记在"中央城镇化工作会议"上的讲话中强调"提升城市排水系统时要优先考虑把有限的雨水留下来，优先考虑更多利用自然力量排水，建设自然存积、自然渗透、自然净化的海绵城市"；2014 年 12 月 31 日，根据习近平总书记关于"加强海绵城市建设"的讲话精神和中央经济工作会要求，财政部、住房和城乡建设部、水利部决定开展中央财政支持海绵城市建设试点工作；2015 年 10 月，国务院办公厅印发了《关于推进海绵城市建设的指导意见》，从 2015年起，全国各城市新区、各类园区、成片开发区要全面落实海绵城市建设要求，老城区要结合城镇棚户区和城乡危房改造、老旧小区有机更新等，以解决城市内涝、雨水收集利用、黑臭水体治理为突破口，推进区域整体治理，逐步实现小雨不积水、大雨不内涝、水体不黑臭、热岛有缓解。

作为城市发展理念和建设方式转型的重要标志，我国海绵城市建设"时间表"已经明确且"只能往前，不可能往后"。全国已有 130 多个城市制定了海绵城市建设方案，所确定的目标核心是通过海绵城市建设，使 70％的降雨就地消纳和利用。按照这一目标确定的时间表规定，到 2020 年，20％的城市建成区达到这个要求。如果一个城市建成区有 100 km²，在 2020 年至少有 20 km² 要达到这个要求。到2030 年，80％的城市建成区要达到这个要求。①

---

① 新华网. 我国明确海绵城市建设的"时间表". http://www.xinhuanet.com/politics/2015 - 10/09/c_1116772919. htm.

2015—2016 年,住房和城乡建设部先后发布了两批、共 30 个国家级海绵城市试点,分别为 2015 年的迁安、白城、镇江、嘉兴、池州、厦门、萍乡、济南、鹤壁、武汉、常德、南宁、重庆、遂宁、贵安新区和西咸新区;2016 年的福州、珠海、宁波、玉溪、大连、深圳、上海、庆阳、西宁、三亚、青岛、固原、天津、北京。对这些试点城市,中央财政将给予专项资金补助,一定三年,直辖市每年 6 亿元,省会城市每年 5 亿元,其他城市每年 4 亿元。目前已纳入试点的 30 个城市中,共有 19 个城市发生内涝,占比 63%。根据《海绵城市建设评价标准》[①],海绵城市建设效果应从项目建设与实施的有效性、能否实现海绵效应等方面进行评价,具体评价指标包括:年径流总量控制率及径流体积控制率、径流污染控制率、径流峰值控制率、硬化地面率、水体黑臭状况、年均地下水位趋势、城市热岛效应等。

(2) 气候适应型城市

2017 年 2 月,国家发展改革委联合住房和城乡建设部联合启动了 28 个气候适应型城市试点[②]。城市人口密度大、经济集中度高,易受气候变化不利影响。我国人口众多、气候条件复杂、生态环境整体脆弱,又处在工业化和城镇化快速发展的历史阶段,气候变化对城市的建设和发展已经并将持续产生重大影响,特别是对城市能源、交通、通信等基础设施安全和人民生产生活构成严重威胁。积极应对气候变化,事关城市可持续发展,事关全面建成小康社会全局,事关人民群众安居乐业,是生态文明建设的一项重大课题。目前适应气候变化问题尚未纳入我国城市建设发展重要议事日程,存在认识不足、基础薄弱、体制机制不健全等问题,适应气候变化意识和能力亟待加强。近年来,各地结合实际开展了海绵城市、生态城市等相关工作,为适应气候变化工作积累了一些有益经验,但我国城市适应气候变化工作总体上还处在起步探索阶段,亟需从国家层面加强顶层设计,开展政策引导,鼓励探索创新。

综合考虑气候类型、地域特征、发展阶段和工作基础,选择一批典型城市,开展气候适应型城市建设试点工作,针对城市适应气候变化时面临的突出问题,分

---

① 住房和城乡建设部关于发布国家标准《海绵城市建设评价标准》的公告,http://www. mohurd. gov. cn/wjfb/201904/t20190409_240118. html.

② 国家发展改革委 住房城乡建设部关于印发气候适应型城市建设试点工作的通知,http://www. mohurd. gov. cn/wjfb/201702/t20170228_230767. html.

类指导，统筹推进，积极探索符合各地实际的城市适应气候变化建设管理模式，是我国新型城镇化战略的重要组成部分，也将为我国全面推进城市适应气候变化工作提供经验并发挥引领和示范作用。考虑各地实际情况，目前已同意将内蒙古自治区呼和浩特市、辽宁省大连市、辽宁省朝阳市、浙江省丽水市、安徽省合肥市、安徽省淮北市、江西省九江市、山东省济南市、河南省安阳市、湖北省武汉市、湖北省十堰市、湖南省常德市、湖南省岳阳市、广西壮族自治区百色市、海南省海口市、重庆市璧山区、重庆市潼南区、四川省广元市、贵州省六盘水市、贵州省毕节市(赫章县)、陕西省商洛市、陕西省西咸新区、甘肃省白银市、甘肃省庆阳市(西峰区)、青海省西宁市(湟中县)、新疆自治区库尔勒市、新疆自治区阿克苏市(拜城县)、新疆建设兵团石河子市等 28 个地区作为气候适应型城市建设试点。试点城市应以全面提升城市适应气候变化能力为核心，坚持因地制宜、科学适应，吸收借鉴国内外先进经验，完善政策体系，创新管理体制，将适应气候变化理念纳入城市规划建设管理全过程，完善相关规划建设标准，到 2020 年，试点地区适应气候变化基础设施建设得到加强，适应能力显著提高，公众意识显著增强，打造一批具有国际先进水平的典型范例城市，形成一系列可复制、可推广的试点经验。①

　　李彤玥(2017)系统梳理了气候变化韧性特征框架、要素构成、要素特性等，对我们进一步深入理解气候适应型城市建设内涵有所帮助(表 1 - 4)。

表 1 - 4　气候变化韧性的特性(李彤玥，2017)

框架要素	要　素	特　性	特　性　含　义
系统	物理基础设施和生态系统	灵活性和多样性	在多种情况下能够运转核心功能，转换资产或者调整结构以引入新的运转方式，包括空间系统多样性和功能多样性。
		冗余性和模块性	有闲置的生产能力以应对偶然情况，在某一个组件或者多个组件失效的时候相互代替。
		避免安全故障	避免某一结构或联系的失效引起串联式影响。

---

① 国家发展改革委 住房和城乡建设部关于印发气候适应型城市建设试点工作的通知，http://www.mohurd.gov.cn/wjfb/201702/t20170228_230767.html.

续　表

框架要素	要素	特　性	特　性　含　义
代理人	个人、家庭、私人和公共部门	响应能力	定义问题、期望。计划并准备应对事件干扰。能够快速响应进行适当组织和再组织。
		智慧性	调动多元财产和资源采取行动。
		学习能力	从过去的经验中学习,避免重复失败。创新以提升技能。
制度	社会和经济互动中建构人类行为和交换的社会规则和惯例,代理人和系统在制度内交互作用以响应气候压力	使用系统的权利和权限	明确使用关键资源和访问城市系统的权限。
		决策过程	决策过程的透明性和责任性,关注最容易受影响的群体并保证他们能够进行合法决策。
		信息流动	家庭、企业、社区组织和其他决策代理人能够获得可靠信息以判断风险和脆弱性。
		新知识的应用	交换和应用新的知识以提升韧性。

第二节　城市韧性的特征

一、韧性的特征

韧性最初是恢复原状的意思,即有"韧性即恢复力"之说,则其发展一定存在着内外部扰动变化,且这些变化大多为不好的发展,由此回到原始状态,虽不是最理想的,但至少是人们所期待的(陈安和师钰,2018)。恢复是韧性的关键,恢复力被看作是系统的内在能力,倾向于通过改变其本质属性以外的其他属性来重建自身,从而在受到冲击或压力的情况下适应和生存(图 1-2)。其属性至少包括 3 个方面:(1) 系统可以承受并仍能保持原状态的变化量;(2) 系统的自组织能力;(3) 系统构建的学习与适应能力(李杨和张亮,2011)。周晓芳(2017 a)将恢复力的本质归结为对系统的相对稳定状态以及相应边界的假设。唐桂娟(2017)认为恢复力代表了系统承受压力及恢复到原有状态的能力,这个系统可以是人、物、社会生态、城市安全等任何处于变化发展中的系统;压力可以是来自系统外部或内部的任何冲击和干扰,因此,也有人将恢复力看作是事物在一定程度上可以恢复或调适自身以应对干扰的能力(Dyer 和 McGuinness,1996)。

除了"恢复力",不少学者将"Resilience"一词译为"弹性"(欧阳虹彬和叶强,2016;蔡建明等,2012),如在材料力学领域,材料或物体在外力作用下发生的变形被称为"弹性变形"(陈伯蠡等,1985)。随着这一概念在生态学、社会—生态系统、社会—经济系统的应用逐渐广泛,其本质内涵可以归结为两点:(1) 在受到外力影响时可以维持基本结构和功能不变;(2) 拥有自适应、自恢复的能力。在社会科学领域,弹性的应用也极其广泛:弹性经济、弹性外交、弹性奖励等,都体现了一种可多可少、能进能退的性质,这里的弹性既包含了恢复之意,又有伸缩、可塑的涵义(陈安和师钰,2018)。除了上述"能力恢复说"、"弹性说",学术界对于韧性的界

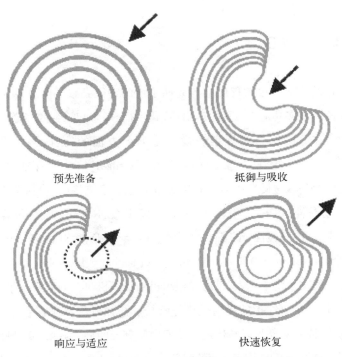

预先准备　　　　　　　　　　　抵御与吸收

响应与适应　　　　　　　　　　快速恢复

图 1-2　系统受到外来冲击的应对过程图（张明斗和冯晓青，2018）

定还存在"扰动说"、"系统说"、"提升能力说"等定义（李刚和徐波，2018）。这些定义有一些共通之处，首先，都强调韧性具有吸收外界冲击和扰动能力并能保持一定弹性；其次，都关注系统受外界干扰后通过学习恢复原来状态或达到新状态；再者，都认为系统具备降低风险能力，同时能快速恢复；最后，都强调系统具有从软件和硬件层面应对灾害冲击的能力（周利敏和原伟麒，2017）。

对于韧性的特征，Holling（1973）认为韧性具有灵活性、动态性、传播性、开放性、异构性等特点。Adger 等（2002）认为韧性具有动态的生活范围、可得的资源基础、响应机构、社会和经济公平等特点。Manyena（2006）认为积极适应风险和学习当地文化知识是韧性的特征。Thomas 等（2009）认为权利分享和自主性，管理透明度和问责制、灵活性和响应性，参与和包容，经验和支持是韧性的四大特征。费璇等（2014）认为韧性具有应对措施多样性、机构体制的有效性、接受不确定性的能力、非平衡的系统状态、社区参与、公平性、完善的社会结构和相同的社会价值观、规划和备灾的准备、学习能力等九项特征。

二、城市韧性的特征

韧性城市的特征在很大程度上与韧性系统的特征一致。如 Ahern(2011)认为韧性城市应该具备多功能性、冗余度和模块化特征、生态和社会的多样性、多尺度的网络连结性、有适应能力的规划和设计等五个方面的特性；洛克菲勒基金会(Rockefeller Foundation)在"全球韧性百城(100 Resilient Cities)"计划中提出韧性城市应对突变性扰动和缓慢性压力所必须具备的七个系统特征，包括反思性/反省性(Reflective)、智慧性/智谋性/资源可用性/资源富余(Resourceful)、包容性/兼容性(Inclusive)、集成性/完整性/整合性/综合性(Integrated)、稳健性/坚固性(Robust)、冗余性/盈余性(Redundant)和灵活性/可塑性(Flexibility/Flexible)。其中，反思性和智慧性是关于城市系统中个人、家庭和组织机构在危机时刻的应对水平和吸取教训的能力；包容性和集成性指的是通过良好管控和高效领导以确保合理的投资与行动、解决脆弱群体的必需品以整体地构建面向所有人的韧性城市；稳健性、冗余性和灵活性强调的是城市系统"质"方面的特征，如应对扰动和压力的财富优势和利用其他有助于快速恢复策略的意愿或氛围等(徐耀阳等，2018)。事实上，不同学者对韧性城市特征的识别有所不同，对同一特征的表达方式也存在不同(表1-5)。总体来说，冗余度、多样性和灵活性是韧性突出的特征，冗余度主要体现在外部扰动还未威胁系统的阶段，当外部扰动对系统产生影响之后，系统主要体现稳健性和反应性；在系统恢复阶段，主要体现了自组织性和学习性。多样性、灵活性、合作性、模块化主要从系统本身出发，贯穿于扰动对系统影响的全过程(倪晓露和黎兴强，2019)。

表1-5　城市韧性的特征

文　献	特　征
Wildavsky，1988	动态平衡性(Homeostasis)、兼容性(Compatibility)、高效率的流动性(High Flux)、扁平性(Flatness)、缓冲性(Buffering)、冗余度(Redundancy)
Bruneau 等，2003	稳健性(Robustness)、冗余性(Redundancy)、智慧性(Resourcefulness)、迅速性(Rapidity)
Godschalk，2003	冗余(Redundan)、多样(Diverse)、高效(Efficient)、自治(Autonomous)、强大(Strong)、互依(Interdependent)、适应(Adaptable)、协作(Collaborative)

续 表

文　献	特　征
Ahern，2011	功能多元（Multifunctionality）、冗余度和模块化（Redundancy and modularization）、生态和社会多样性（Bio and social diversity）、多尺度的联结网络（Multi-scale networks and connectivity）、适应性规划设计（Adaptive planning and design）
Allan 和 Bryant，2011	多样性（Diversity）、变化适应性（Variability）、模块化（Modularity）、创新性（Innovation）、迅捷的反馈能力（Tight feedbacks）、社会资本的储备（Social capital）以及生态系统的服务能力（Ecosystem services）
Walker 和 Salt，2012	多样性、生态变异性、模块化、承认缓慢的变化、紧密的反馈、社会资本、创新性、冗余度、生态系统服务
Carlos 和 Eduarda，2013	多功能性（Multi-functionality）、冗余度和模块化特征（Redundancy and Modularization）、生态和社会的多样性（Bio and social diversity）、多尺度的网络连结性（Multi-scale networks and connectivity）、有适应能力的规划和设计（Adaptive planning and design）
石婷婷，2016	信息化管理、全空间尺度、多元参与、联合共治
何继新和荆小莹，2017	动态平衡、兼容、流动、缓冲、冗余度
金磊，2017	绿色、生态性、刚性基础设施、跨界管理、充分备灾容量
李彤玥，2017	自组织、冗余性、多样性、学习能力、独立性、相互依赖性、抗扰性、智慧性、创造性、协同性
沈迟和胡天新，2017	多功能性、冗余度和模块化、生态和社会的多样性、多尺度的网络连接性、有适应能力的规划和设计
翟国方等，2018	动态平衡性、兼容性、流动性、扁平性、缓冲性、冗余度
Heeks 和 Ospina，2019	稳健性（Robustness）、自组织性（Self-organization）、学习性（Learning）、冗余度（Redundancy）、迅速性（Rapidity）、规模性（Scale）、多样性和灵活性（Diversity and flexibility）、公平性（Equality）

注：本表根据表格中的文献进行整理或翻译.

　　浙江大学韧性城市研究中心认为，韧性城市具有五个方面的典型特性[①]：（1）稳健性（Robustness），即城市抵抗灾害，减轻由灾害导致的城市在经济、社会、人员、物质等多方面的损失；（2）可恢复性（Rapidity），即灾后快速恢复的能力，城市能在灾后较短的时间恢复到一定的功能水平；（3）冗余性（Redundancy），即城市中关键的功能设施应具有一定的备用模块，当灾害突然发生造成部分设施功能受损时，备用的模块可以及时补充，整个系统仍能发挥一定水平的功能，而不至于彻

① 详见 http://www.rencity.zju.edu.cn/26324/list.htm.

底瘫痪；（4）智慧性（Resourcefulness），即有基本的救灾资源储备以及能够合理调配资源的能力。能够在有限的资源下，优化决策，最大化资源效益；（5）适应性（Adaptive），即城市能够从过往的灾害事故中学习，提升对灾害的适应能力。这些特征与韧性城市的技术、经济、社会和组织等维度相对应，如稳健性对应技术维度，表现为稳健性强能够减轻建筑群落和基础设施系统由灾害造成的物理损伤；可恢复性对应经济维度，表现为社会经济活动因灾损失、破坏、停工、停产或受阻后的恢复速度；冗余性对应社会维度，表现为减少灾害人员伤亡，能够在灾后提供紧急医疗服务和临时的避难场地，在长期恢复过程中可以满足当地的就业和教育需求；智慧性对应组织维度，表现为政府灾害应急办公室、基础设施系统相关部门、警察局、消防局等在内的机构或部门能在灾后快速响应，包括开展房屋建筑维修工作、控制基础设施系统连接状态等，从而减轻灾后城市功能的中断程度。

从城市空间运行系统的角度看，城市的"韧性"体现在五个方面（邓位，2017）：（1）强度（Robustness）—韧性良好的城市有足够的软硬件强度，可以承受灾害影响，且无重大破坏或功能缺失；（2）备份（Redundancy）—城市有能力在抵御临时灾害破坏时启用备用设施，从而保证城市正常运转；（3）多样性（Diversity）与灵活性（Flexibility）—城市基础设施运行体系可以有多种方式或途径，例如，韧性良好的城区局部电网破坏后，电可以通过别的路径到达相同城区；（4）反应性（Responsiveness）—城市应有自动监控机制和快捷的信息回馈，这样可以保证在第一时间确定出现问题的区域和范围，从而作出及时应对；（5）合作性（Coordination）—城市各系统之间，各部门之间应信息公开，互通共享。防灾计划应包含所有相关部门参与，不仅包括市政基础设施部门，还应包括专业团体、社区人群等城市运行组织。这种从城市空间运行体系的角度考察"韧性"，体现了其综合的广度思维。

综合而言，韧性城市的关键特征可概述如下（Godschalk，2003；刘丹，2015；马令勇等，2018）。

（1）多样性（Diversity）：有许多功能不同的部件，在危机之下带来更多解决问题的技能，提高系统抵御多种威胁的能力。

（2）冗余度/性（Redundancy）：具有相同功能的可替换要素，通过多重备份来增加系统的可靠性。

（3）稳健性（Robustness）：系统抵御和应对外界冲击的能力。

（4）恢复力（Recovery）：具有可逆性和还原性，受到冲击后仍能回到系统原有的结构或恢复功能。

（5）连通性（Connectivity）：城市网络中的节点直接联系彼此的程度，不仅仅包括交通设施等物理维度，还包括人和组织之间的联系，连通性确保了城市之间信息、资本和物质的交换，从而加强了城市系统之间的联系。

（6）适应性（Adaptation）：系统根据环境的变化调节自身的形态、结构或功能，以便与环境相适应，需要较长时间才能形成。

（7）学习转化能力（Ability to learn and translate）：在生态、经济、政治和社会条件使得现有的城市在系统难以为继的情况下，转变和创新的能力，或从经历中吸取教训并转化创新的能力。具有高度学习能力的城市社会系统将更创新、更有韧性，同时降低脆弱性。

此外，对具备韧性的城市特性有下列表述（肖文涛和王鹭，2019）。

（1）社会层面具备协同性，即城市政府部门在应急处置过程中打破壁垒，互联互通，并引入"政府—市场—社会"的"三元共治"协同机制。

（2）环境层面具备适应力，即城市能够根据外部环境的变化而主动适应，做到自主调整、灵活变通。

（3）技术层面具备智慧性，即运用互联网、云计算、大数据等科技，建立城市综合防灾减灾智慧信息系统，提高风险预警、信息共享、趋势研判和应急决策的智能化水平。

（4）工程层面具备冗余性，即包括水、电、气等城市生命线工程和基础设施等具有一定的安全裕度和抗逆能力，在经历重大冲击后依然能够保持有效、正常运转，依然能够提供基本公共服务。

（5）组织层面具备自组织力，即市民个体、居民社区、社会组织具备自我行动力，对城市因灾受损部分进行主动局部修复，强化自力更生的能力。

（6）制度层面具备学习力，即城市能够从重大灾难中学习相关经验，分析致灾原因，快速调整自身结构和功能。

第二章

城市韧性评估的基本理论

图 2-0 克劳福德·斯坦利·霍林

Crawford Stanley Holling was born on December 6，1930 in Elmira New York，and passed away on August 16 2019. C. S. 'Buzz' Holling was a rare combination of artist，scientist，teacher and practitioner who touched and inspired many colleagues. He lived a remarkable life of creativity，discovery，scholarship and service to humanity.

—— Resilience Alliance

https：//www. resalliance. org/index. php/hollingfund

克劳福德·斯坦利·霍林于1930年12月6日出生于美国纽约的埃尔米拉，2019年8月16日去世。作为系统生态学家,他集艺术家、科学家、教师和实践者于一身,用自己的言行感化着身边同事。他学识深厚,一生充满了创造力、发现力,并一直"为人类服务"。

—— 韧性联盟

https：//www. resalliance. org/index. php/hollingfund

第一节　工程韧性理论

一、工程韧性理论的内涵

　　工程韧性思想源于数学演绎推理,即在理想化、抽象化的假设条件下,设计具有单一操作目标的系统(Pimm,1984;O'Neill 等,1986)。工程韧性的基本假设是:系统只存在一个初始的稳定平衡状态,需通过保障措施防止系统偏离初始平衡态或出现其他状态(Holling,1996;图 2-1),其终极目标在于系统维持最佳功能。因此,系统的抗干扰性以及恢复至平衡或稳定状态的速度成为衡量韧性的指标,即系统越能抵抗外部扰动、受到扰动后全部功能恢复得越快,其韧性越强(Hashimoto 等,1982;Hollnagel 等,2008;图 2-2)。基于这种假设,韧性可以通过恢复

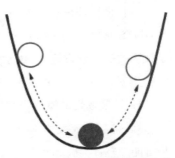

图 2-1　工程韧性的球杯模型示意图(Liao,2012;廖桂贤,2015)

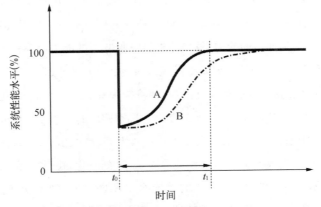

图 2-2　工程韧性的衡量指标示意图(Liao,2012;廖桂贤,2015)

　　注:受损系统经过一段时间后(案例 A 从 t_1-t_0)完全恢复之前的功能,时间越长,系统韧性越小(案例 B)。

时间，即位移衰减到其初始值所需的时间来估算（Pimm，1991）。

　　工程韧性理论侧重于系统的功能效率，系统的稳定性和可预测性，要求维持系统状态不变，或保持最小波动，不可出现任何背离原始最佳状态的情况。在工程领域，韧性与低故障率具有密切联系，或者等同于故障工程系统快速恢复正常功能的能力（Wang 和 Blackmore，2009）。工程韧性理论多应用于材料学、心理学、社会学、经济学和灾害学学科，并应用到材料韧性设计、个体创伤恢复、突发群体事件影响、经济危机应对和灾后恢复重建等领域。

二、工程韧性理论在灾害领域的应用——抗震韧性模型

　　工程韧性理论在灾害领域最为人熟知的应用是社区抗震韧性（或称地震恢复力，the Seismic Resilience of Communities）评估模型。Bruneau 等（2003）系统探讨了社区关键基础设施（如供水、电力等生命线工程，急救医疗服务等）面对地震灾害的恢复力，并提出定量评估社区抗震韧性的框架和模型。

1. 抗震韧性的概念模型

　　社区抗震韧性是指城市、社区、组织等在减轻和控制灾害影响以及灾后恢复时，尽可能减轻社会破坏和降低地震影响的能力。提高抗震韧性的目的是尽量减少生命伤亡、降低经济损失和灾害影响，可以通过提高社区基础设施（如生命线工程、建筑物）的抗震能力、实施有效的应对和减轻损失的应急响应策略以及使社区能够尽快恢复到灾前功能的灾后恢复策略，来增强社区的抗震韧性。因此，这种韧性可表述为：系统减少受到冲击的能力、发生冲击时吸收冲击的能力以及冲击后迅速恢复的能力。具有抗震韧性的社区或基础设施表现为：（1）降低遭受地震影响的概率；（2）减少地震产生的影响，包括人员伤亡、经济损失和社会影响；（3）缩短系统恢复到正常水平的时间。Bruneau 等（2003）提出了抗震韧性的概念模型（图 2-3）。

　　将社区基础设施的功能水平定义为 $Q(t)$，则 $Q(t)$ 取值介于 0（没有服务或效率）到 100%（服务或效率最佳），假设地震在 t_0 时刻发生，由此造成系统功能水平的迅速降低，随着时间的推移，系统的功能水平不断恢复，直到 t_1 时刻完全修复（以 100% 的质量表示）。因此，抗震韧性 R 可以用预期水平随恢复时间下降的大小来衡量，数学表达式为：

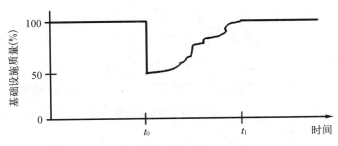

图 2-3 抗震韧性的概念模型（Bruneau 等，2003）

$$R = \int_{t_0}^{t_1} \left[100 - Q(t) \right] \mathrm{d}t 。 \qquad (2-1)$$

式中，R 为抗震韧性（图 2-4 中阴影面积），$Q(t)$ 为社区基础功能水平，t_0 为地震发生的时间，t_1 为基础设施功能水平完全恢复的时间。

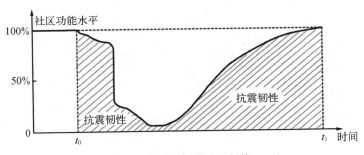

图 2-4 抗震韧性的测量（杨丽娇等，2019）

2. 抗震韧性的特征和测评维度

在抗震韧性概念模型的基础上，Bruneau 等（2003）进一步讨论了物理系统和社会系统韧性的特征与社区韧性评估的维度。具体而言，韧性的特征体现在：（1）稳健性（robustness）：系统或单元在承受给定压力时不会出现性能下降或功能丧失的能力；（2）冗余性（redundancy）：系统或单元的可替代程度，即在中断、退化或功能丧失的情况下，仍然能够满足功能需求；（3）智慧性（resourcefulness）：系统或单位受到破坏时，能及时发现问题，并具有按优先次序调动资源的能力；（4）快速性（rapidity）：及时控制损失和降低干扰的能力。其中，稳健性和快速性是韧性的本质属性，是高韧性的表现；冗余性和智慧性则是提高韧性的有效途径。

社区韧性由技术（technical）、组织（organization）、社会（social）、和经济（economic）四个维度组成，简称 TOSE 维度空间。具体而言，技术维度评价物理系统应对灾害时所表现的水平，组织维度评价系统履行重要职能的能力，社会维度判断减少受损系统引发社会消极影响的能力，经济维度衡量减少承灾体直接和间接经济损失的能力。其中，技术维和组织维是系统自身的维度，社会维和经济维是系统所辐射的维度。

社区韧性也具有上述四个特征，其中稳健性和快速性直接影响抗震韧性水平（金书淼和王绍玉，2012）。Chang 和 Shinozuka(2004)依据韧性的稳健性和快速性特征，完善了抗震韧性的量化模型（图 2-5），即稳健性为发生地震时系统功能或服务的稳定程度，快速性为地震后系统功能或服务完全恢复的时间。显然，稳健性和快速性越好，抗震韧性越强。

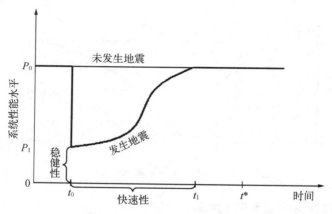

图 2-5　抗震韧性的属性和测量(Chang 和 Shinozuka，2004)

3. 性能响应函数

随着抗震韧性的概念模型不断进化，稳健性和快速性属性以及 TOSE 测评维度的不断应用与发展，性能响应函数（Performance Response Function，PRF）被认为是评估系统（如关键基础设施、生命线系统）抗灾韧性的基本模型（Rose 和 Liao，2005；Wang 和 Blackmore，2009；Cimellaro 等，2010）。以城市生命线系统为例，在遭受地震冲击后，生命线系统的恢复进程可由性能响应函数（PRF）曲线表示（图 2-6）。可以看出，生命线系统在 t_0 时刻遭受地震冲击毁伤，因而性能从正常水平

P_0 降至 P_1。在投入一定的恢复资源后，系统性能逐步回升，最终在 t_R 时刻恢复至正常水平 P_0。其中，0 至 P_1 反映出系统韧性的稳健性，而 t_0 至 t_R 则反映出系统韧性的快速性（李强等，2017）。

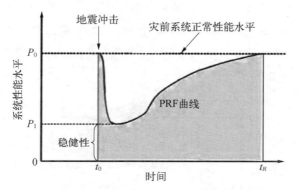

图 2-6　性能响应函数曲线（PRF）示意图（李强等，2017）

受灾系统的 PRF 曲线在控制时间 $T_R(t_0 - t_R)$ 内与时间轴 t 所围成的面积，其形状和面积反映了灾害后果、恢复速度及恢复程度共同作用的结果，可以较好地衡量系统抗震韧性的大小（李强等，2017）。针对 PRF 的应用研究表明，抗震韧性的稳健性和快速性均可以通过灾前与灾后的减灾行为进行调整（图 2-7）。如 Chang 和 Shinozuka(2004)认为灾前的缓解行为和灾后恢复的快速性具有密切的关系；Rose 和 Liao(2005)认为抗震韧性随着城市经济发展水平、灾前的防灾行为、灾后的恢复力以及适应力的变化而变化。震前的减灾行为能够提高系统的稳健

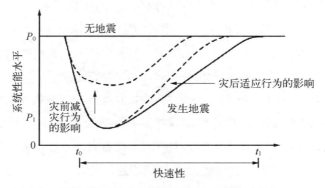

图 2-7　灾前减灾和灾后适应行为对 PRF 的影响（唐桂娟，2017）

性、降低系统性能恢复的时间，而震后的适应行为能够提高系统性能恢复的快速性，二者均有助于提高系统的抗震韧性。此外，张正涛等（2018）认为灾害造成的间接经济损失、恢复时间与灾后重建力度密切相关。灾后重建投入的资金以及重建速度是影响间接经济损失大小的重要因素，不同的重建资金与重建速度会直接导致灾后承灾体承受不同的间接经济损失（图 2 - 8）。这些措施本质属于灾后适应行为，它们对间接经济损失动态变化路径的改变类似于图 2 - 7 中灾后适应行为导致系统性能快速恢复情景。

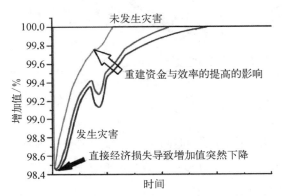

图 2 - 8   重建资金与效率的提高与武汉市灾后间接经济
损失变化（张正涛等，2018）（各曲线与 Y 轴，
Y ＝100％围成的面积为间接经济损失值）

PRF 方法优势在于其能够将系统抗震韧性的稳健性、快速性和智慧性三个特征因素融合在一起（赵旭东等，2017）。如图 2 - 9a 所示，在遭受地震冲击后，A、B、C 三条 PRF 曲线代表了不同的系统恢复进程。其中，A 曲线表示系统功能遭受灾害冲击后的影响较小，稳健性较大（P_0 下降至 P_1），完全恢复所需时间较短；B 曲线表示系统功能遭受灾害冲击的影响较大（P_0 下降至 P_2），恢复时间较长；C 曲线受到灾害冲击影响与 B 曲线一致，稳健性相同，但后续恢复进程不足，系统最终崩溃。

事实上，Wang 和 Blackmore（2009）将 PRF 曲线分为四种类型（图 2 - 9b），其中 A、B、C 类似于前述情况，即曲线 B 反映了系统遭受地震影响至性能恢复的正常过程；曲线 A 反映了采取有效的应对措施（如政府启动应急预案，提供大量资金支持）且借此修复之前存在的问题，使得系统快速恢复，甚至可能恢复至更高绩效水平的过程；曲线 C 反映了灾后没有实施积极有效救灾方案和恢复措施，系统功

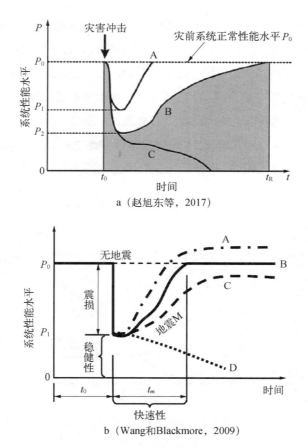

a（赵旭东等，2017）

b（Wang和Blackmore，2009）

图 2-9　抗震韧性特征的各类 PRF 曲线

能无法复原，会降低到更低的绩效水平；曲线 D 则反映了系统会随着时间的推移，出现永久的损坏，甚至最终丧失系统功能（Wang 和 Blackmore，2009；金书淼和王绍玉，2012；金书淼，2013）。

唐桂娟（2017）进一步阐述了 PRF 曲线对于灾害过程中韧性的影响及提高韧性的策略。她认为灾前、灾中和灾后的减灾行为都可以增强系统的稳健性和缩短系统恢复到灾前状态的时间。因此，灾害韧性的影响因素应包含灾前、灾中和灾后促使系统抵御外界打击和迅速恢复到灾前状态的应对能力，这些能力包括技术、经济、组织和社会四个维度。

杨丽娇等（2019）将社区功能水平作为韧性衡量的出发点，通过测量社区功能水平变化,构建衡量社区韧性的动态韧性曲线(PRF),详细论述了韧性 PRF 曲线表征社区韧性的机理与内涵(图 2-10)。图中横轴代表社区应对灾害全过程的时间 t,纵轴代表社区的功能水平 P。在给定的时间点,社区的功能水平可通过与之相关的要素来确定。受到灾害的冲击后,社区功能水平随时间发生改变,韧性曲线随之呈现波动。这种波动在时间上可划分为灾前准备、灾中响应以及灾后恢复三个阶段。假设社区在正常情况下,即突发事件发生之前,社区功能水平为 P_N。在 T_0 时刻,社区受灾害冲击,根据社区吸收扰动量的不同,灾害对社区造成的影响分为两种情景。

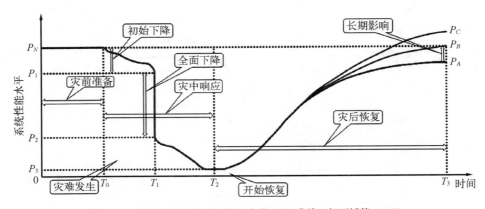

图 2-10   社区功能变化时间路径(韧性 PRF 曲线)(杨丽娇等,2019)

第一种情景是社区在 T_0 时刻遭受灾害,如暴雨洪涝,但社区自身具有良好的排水系统,充足的应急物质以及救援及时等,足以应对灾害影响。社区韧性会在轻微下降后($P_N \rightarrow P_1$),依靠自身吸收灾害与维持功能的能力,可快速恢复。但具有充足灾前准备的社区较少,更多社区倾向于灾时应急响应与灾后救援,即以下第二种情景。

第二种情景是社区在 T_0 时刻遭受灾害后,基础设施遭到破坏,甚至出现人员伤亡等,即社区不能完全吸收灾害对其造成的影响。在短期内,维持社区正常运行的基础设施、医疗救援、社会网络等在短时间内很难有量变或质变。因此,社区功能水平从 P_N 下降到 P_1。一定时间后,社区灾前的备用和应急物资耗尽,社区功能水平急速下降。此时如外部援助不及时,社区功能水平将再次下滑,跌落到

P_3。而在一些大型灾害事件中,社区功能水平可直接瘫痪。此种情况下社区的所有准备措施可能完全失效,社区功能水平曲线表现为陡峭的下降趋势。在图上即为,$T_0 - T_2$ 的时间无限接近。此后,外部组织和机构开始提供援助,社区功能水平从 T_2 开始缓慢恢复。

随着时间推移,社区恢复能力也存在差异,社区最终的功能水平可能出现三种情形(类似于图 2 - 9a):一是由于某种永久性的不利因素(社区居民流失等)而导致社区功能永久低于原来水平,最终为 P_A;二是事件影响并不深刻而使其恢复到原来水平,如 P_B;最后一种是社区突破原有局限,从逆境中探索出一种适合社区发展的模式,使其功能高于原始水平以应对未知的灾害。

第二节 生态韧性理论

一、生态韧性理论的内涵

生态韧性理论由霍林提出，是工程韧性理论之后又一个较为重要的韧性理论。生态韧性源于数学和生态学中的归纳思维（Holling 等，1976；Fiering，1982；Walters，1986；Dublin 等，1990），即由个别到一般的推理，由具体事例推导出一般原理。生态韧性认为现实中的生态系统具有多种状态，如果受到外界打击它就不可避免地从一个状态迁移到另外一个状态（Holling，1996）。因此，生态韧性一般指为了保持当前状态，系统能够吸收外界冲击的最大风险量级（金书淼，2013）。换句话说，当系统出现任何非平衡稳态的条件时，不稳定性会使系统陷入另一种行为状态，即进入另一个稳定域，实现"稳态转换（regime shift）"。图 2-11 描述了生态系统恢复力的概念模型，凹形盆地代表了系统有可能所处的多种状态，而盆地的宽度代表了韧性的大小。盆地越宽，说明可吸收的扰动越大，其韧性也越大；盆地越窄，说明可吸收的扰动越小，其韧性也越小（金书淼，2013）。

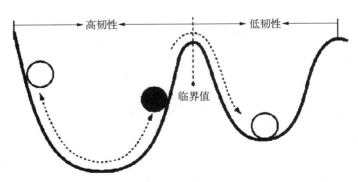

图 2-11 生态韧性的球杯模型示意图（Liao，2012；廖桂贤，2015）

生态韧性的目标是保持系统最佳的功能状态，但一定范围内的波动都属于正常现象。生态韧性主要关注系统的持久性、变化性和不可预知性,韧性水平是由系统结构更改之前可以吸收的干扰大小来测量。相比于工程韧性侧重于维持系统状态、保持功能效率的视角,生态韧性更多的是强调生态系统在任何状态下的存续能力,即维持功能的延续而非达到最佳。因此,生态韧性和工程韧性的特性明显不同(表2-1)(Holling,1973)。生态韧性理论为生态系统的功能稳定和安全进化提供了重要的理论依据,其在强调传统工程韧性的抵抗力(稳健性)和恢复力(快速性)的同时,更加重视系统的吸收能力和自组织能力。

表2-1　工程韧性理论和生态韧性理论的差异(Liao,2012;廖桂贤,2015)

比较内容	工 程 韧 性	生 态 韧 性
理念架构设想	韧性＝抵御＋恢复	韧性＝承受力＋重组
	一种平衡(一种体制)	多重平衡(多重体制)
	可预测	不可测性＋不确定性
关注现象	背离系统功能理想水平或稳定状态	体制转换
概念重点	稳定/连贯性——快速恢复平衡	体制内——保持在现有体制内
衡量标准	恢复到先前稳定状态的速度	在变成不同体制之前,系统能承受的扰动规模
扰动的角色	干扰被视为威胁	干扰被视为学习机会

　　Lade 等(2013)、Carson 和 Peterson(2016)以及陈德亮等(2019)进一步讨论了生态系统“稳态转换(regime shift)”的问题。根据复杂系统理论,在一个非线性系统里存在着诸多稳态,并且系统的状态取决于强迫和反馈两个过程,其中强迫可能引起系统状态变量的突然变化,即“稳态转换(regime shift)”。以气候变化为例,其包括突发破坏性事件和气候状态的长期变化两种类型。这两种强迫均可对自然和人类系统产生重要影响,并引起系统的稳态转换。用球杯模型可以形象地描述这两种气候变化强迫下系统发生稳态转换的过程(图2-12)。如图2-12a反映了极端天气气候事件冲击使得系统从一个稳态进入另一个稳态;而图2-12b则反映了长期气候变化过程通过不断改变系统的变化动态,从而使其旧稳态消失,新稳态出现(陈德亮等,2019)。这一过程也可理解为,环境和社会条件的改变使得系统的生态韧性降低,增加越过旧状态阈值,进入新状态的风险。现实中,系统的稳态转换通常是气候变量的渐变和突变综合胁迫的结果。对于一个不稳定的

系统而言,如自然、经济和社会环境复杂变化的城市系统,一个强度较小的扰动亦可能引发系统的"稳态转换"。

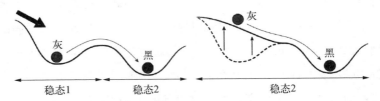

图 2-12　生态韧性中系统的稳态转换(陈德亮等,2019)

注:灰色球代表系统受胁迫前状态,黑色球代表系统遭受胁迫后状态,各杯谷代表系统不同稳态。

二、生态韧性理论在灾害领域的应用——城市韧性承洪理论

城市韧性承洪理论是廖桂贤(Liao Kuei-Hsien)提出的一种基于韧性理论的城市洪水管理方法(Liao,2012),其理论基础为生态韧性理论。城市韧性承洪主要含义为:城市承受洪水的能力,当基础设施破坏、社会经济系统发生崩溃时的重组能力以及减轻伤亡、维持社会经济稳定的能力。换言之,当经历洪水时,城市保持良性机制的能力即为城市承洪韧性。这里的良性机制可由一系列因素来定义,如生活安全、经济业绩和移动性(Adger,2000;Cumming 等,2005;Gunderson,2010),它们共同代表了城市的社会经济特性。城市韧性承洪的机制是社会性的良性机制,反映了城市可承受社会经济状态变化的范围(图 2-13)。较大的范围区间表明城市考虑了更强的社会经济正常波动的程度,意味着更大或更深的吸引域,城市承洪韧性更高;而狭小范围区间则意味着更小或更浅的吸引域,洪水可轻易地引发机制转换(Carpenter 等,2001;Walker 等,2004),城市承洪韧性较低。城市承洪韧性由城市可承受的洪水量级来衡量,直至达到极限值或转为不良机制。本质上,城市承洪韧性是避免洪水灾害的能力,而这种能力依赖于城市的可浸性(floodablity),即其适应洪水的能力,而不是抵御洪水的能力。

城市承洪韧性具有三个典型特征,即自组织、适应能力和冗余度。自组织系统是在应对具有分散特性的扰动时具有韧性(Heylighen,2001)。在自组织城市中,每个市民和管理者能及时行动去避免损失,更灵活地应对洪水,因此,比依靠

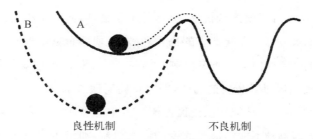

图 2-13　城市承洪韧性的良性机制和不良机制(Liao，2012；廖桂贤，2015)

注：狭小范围意味着更小或更浅的吸引域(A)，宽阔的范围导致更大或更深的吸引域(B)。

防洪工程设施的城市更有韧性。如遇破坏，因具有内在调整和修复能力，能迅速重组，无需等待较滞后的外部帮助。适应能力随着时间的推移能增加城市承洪韧性，这与从每次洪水中学习到的应对能力有关(Gunderson，2000；Walker 等，2004)。例如，及时行动并迅速调整工程设施和公共机构，以更好地应对下次洪水。通过掌握新的情况，并作出必要的调整，城市的洪水可浸性会逐渐提高。冗余度不是同一个元素的简单堆砌，而是建立在不同尺度上的多样性和功能的备份(Adger 等，2005)，提供了防止整个系统失效的备选措施。例如，具有冗余度的洪灾管理系统包含了多样化的缓解、准备、反应和重组方法。洪水反应能力将跨越不同的级别，具有明显的空间尺度特征，如个人、社区和市区，即使某一级别的反应能力不及时，城市仍然能够依靠其他级别来加以应对。上述三种特性之间的基础在于多样性和灵活性。多样性对于韧性十分关键，因为它能够孕育新的机会，增强适应性。例如，多样化的经济或谋生方式可促进灾后重建。灵活性在洪水期间通过子系统中更小、更快的及时改变，允许自组织城市保持所有功能(Allen 等，2005)。例如，当洪水发生时，如果公共交通系统能快速调整其服务模式，从以陆地为基础转为水运，将确保城市的机动性，从而保持城市的基本功能，也提升了城市的适应能力(Liao，2012；廖桂贤，2015)。

　　与常规认知中"防洪对于城市必不可少"不同的是，生态韧性理论认为常规的防洪措施削弱了城市的承洪韧性(Holling 和 Meffe，1996)，防洪工程设施将城市置于一种非此即彼的境地：要么干燥稳定，要么被灾难性地淹没。Tobin(1995)认为，由于防洪工程设施失效导致的洪灾与不设防洪设施相比更加危险，在这种逻辑下，本来应该视为一种自然过程的洪泛，却成了灾害的代名词。依靠防洪工程设施的城市对洪水有高度的抵抗性,但这并不是韧性,防洪工程设施削弱了城市的承洪韧性,洪水极可能引起严重的伤亡和破坏,使严重依赖外部力量的重组工作变得复杂,把城市推向一个不良机制。例如,2005 年卡特里娜飓风后的新奥尔良,防洪工程设施通过其本身的功能,即阻止周期性洪水,削弱了城市承洪韧性。周期性洪水是保持生态功能和洪泛区河流高度生态多样性的重要途径(Junk 等,1989)。由于本地物种不能适应被改变的洪水机制,河流生态系统的韧性被逐渐削弱,以致崩溃(Folke,2003)。

该理论建议使用可泛洪土地(floodable lands)和可浸区百分比(percent floodable area)来表征城市承洪韧性。可泛洪土地被定义为在不出现内外部破坏的前提下,土地具有贮存、转移洪水和沉积物的能力。可泛洪土地可以从属于任何用地性质。可泛洪的土地促进了城市的洪水承受力,因此,可泛洪区的洪水是良性的。在大面积结合区域,可泛洪土地可能降低洪峰,以减少总体的洪水冲击。在其他条件保持不变的情况下,更多的可泛洪土地意味着更高的可浸性(可浸区百分比),也即更大的城市承洪韧性。城市承洪韧性理论对于洪灾管理的建议包括(Liao,2012;廖桂贤,2015):(1) 与洪水为伴,允许周期性洪水浸入城市并通过不断学习增强应对极端洪水的能力;(2) 重视洪水适应性,通过不同的建成环境适应洪水,增加冗余度、多样性以及每个子系统的灵活性,如在雨季,开敞空间转移和贮存洪水,防洪工程设施被重新设计成在实际操作中能够灵活运用的多功能元素集合,建筑也可被设计成悬空挑高、漂浮,或是防水的建筑等;(3) 重新定义社会经济运转的规范,如反思或摒弃"社会经济活动的持续进行是建立在环境稳定的前提下""防洪工程设施是为了保护或维持城市的稳定状态"等理念,并将"改变社会经济的形式和强度,以提高其面对变化环境(如气候变化)的灵活性和适应性"理念应用到城市洪水管理实践中,以提高城市承洪韧性。

第三节 社会-生态韧性理论

20世纪70年代,社会-生态系统研究在国外兴起,诸多学者致力于研究复杂社会-生态系统的动态发展。国际著名的学术性组织"韧性联盟(Resilience Alliance)"运用适应性循环理论对社会-生态系统动态机制进行了描述和分析(Walker等,2004)。霍林将韧性正式引入社会-生态系统,并将韧性系统定义为经受干扰后可维持其功能和控制的能力(Holling, 2001)。韧性成为社会-生态系统(socio-ecological systems,SESs)概念性框架的核心理论。

一、适应性循环理论和扰沌理论

适应性循环理论和扰沌理论是韧性概念的理论基础,也是当前社会-生态韧性、城市韧性研究的基础理论。"适应性循环"最早出现于霍林关于"适应性管理过程对生态系统行为和生态系统管理的理论基础分析"的研究中(Clark和Munn, 1986)。他后来在著作《扰沌:理解人与自然系统的转变》中正式提出适应性循环理论(The Adaptive Cycle)和扰沌理论(The Panarchy Theory)(Gunderson 和 Holling,2002)。

1. 适应性循环理论

适应性循环理论是韧性理论的基础和核心(Redman等,2009)。适应性循环大致可以看作某个复杂系统(如生物进化、人类社会、生态系统、城市等)的一个生命周期。如社会-生态系统依次经过的4个动态转换阶段,即开发阶段 r(exploitation phase)、保持阶段 K(conservation phase)、释放阶段 Ω(release phase)、重组阶段 α(reorganization phase)。适应性循环包括潜力、连通度、韧性三种属性,韧性始终贯穿于社会-生态系统发展的各个阶段(图 2 - 14)(Allcock,2017;吴晓萍,2019)。概括来说,在 r - K 阶段,系统通过资源的积累逐渐成长,逐步转入保护阶段。在这个过程中，系统的连通度和韧性较低，对外界变化较脆弱。
K-Ω阶段，由于系统的低韧性，较小的变化都可能导致系统巨变或崩溃。Ω-α
阶段，系统前阶段积累的资本、变化等在该阶段出现分类并重组，风险和机遇并存
（李梦萍，2018；吴晓萍，2019）。

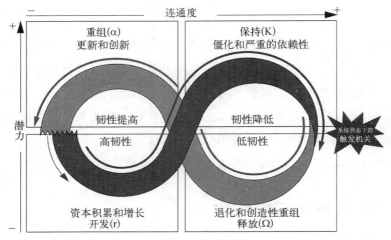

图 2-14   2D适应性循环示意图（Gunderson 和 Holling，2002；Allcock，2017；吴晓萍，2019）
注："-"表示小/弱，"+"表示多/强，"潜力"指系统储存的物质和能量。

适应性循环是由一个代表不同适应性循环状态的"∞形"组成（Allcock，
2017），也可看做由两个半环组成，r阶段和K阶段组成前半环（上方的"∞字形"，
生长和积累的缓慢增量阶段）以及Ω阶段和α阶段组成后半环（"∞字形"中的向
后或负向扭曲，重组的快速阶段、导致更新）。在前半环，是达到最大保持性和连
通性的饱和点（K）的开发和积累时期（r），K阶段是一个约束社会和降低韧性的阶
段，系统的发展基本上是确定的、可预测的；而后半环则包括释放（Ω）阶段以及稳
定和重组（α）的阶段，系统将转变为抗干扰和压力的适应手段，最终提高韧性的循
环过程，是不确定和不可预测的。该理论中的变化可能是意外或者预期的，并用
于在人类系统内可视化和背景化的连续变换（Gunderson 和 Holling，2002；
Dearing，2008）。

适应性循环包含 3 种属性：潜力（potential）、连通度（connectedness）、韧性
（resilience）。潜力决定了系统未来可供选择的范畴，被认为是系统的"财富

（wealth）"，包括生态、经济、社会和文化的积累资本以及创新和变化等。在生态系统中，所谓的"财富"积累相当于营养、生物量的积累。在经济或社会系统中，则相当于技术的提高、人类关系网的构建以及在此过程中逐步增进的信任与融合。连通度是指系统各组分之间相互作用的数量和频率，表示的是系统控制自身状态的程度，它是系统对外界干扰的敏感程度或灵敏性。韧性，即系统的适应力，是系统对非预期或不可预测干扰脆弱性的度量。这 3 个属性存在于各个尺度上，从细胞到整个生物圈，从个体到整体（孙晶等，2007）。

　　适应性循环是基于生态系统演替的传统观点之上，并对其加以补充和延伸。传统观点认为生态系统的演替是由两个功能控制的：开发（exploitation，r），受干扰地区的快速建群（colonization）行为；保护（conservation，K），能量和物质的缓慢积累与存储。在生态学中，开发阶段的物种是 r-策略者，保护阶段则属于 K-策略者。这两个名称来自 Logistic 方程的参数（r 代表种群生长的瞬时速率，K 则表示种群的持续稳定或最大值）（Pearl，1927）。随着研究的深入，学者们发现需要补充两个功能才能完整描述生态系统的演替过程，即组成一个完整的适应性循环（图 2-14）。首先需要增加的功能是释放（release，Ω）。该阶段中，营养和生物量的积累变得十分微弱，此时的外界干扰，如火灾、干旱、虫灾、过度放牧等都可能导致积累"财富"的突然释放，即释放阶段。另一个则是更新（reorganization，α）功能，具体是指先锋物种的出现和生长，这些物种可能来自以前受抑制的种子库和远距扩散的繁殖体等。适应性循环的更新阶段相当于工厂或社会中的重组与创新——在经济衰退或社会转型时采取的财政措施和政治策略。适应性循环各阶段的时间分配是不平均的。系统的轨迹是在资源缓慢积累和转变的长周期与创新和重组的短周期间运行的，系统的连通度和潜力也随之变化。将韧性作为第三维加入二维平面中，得到适应性循环的三维模型（图 2-15，Dearing，2008）。

　　可以看出，系统的韧性是随系统的运行而不断发生变化的，当循环向 K 方向移动时，系统变得更加脆弱，韧性就会收缩（减小）。随着循环的快速移动，韧性随之增大，通过"后循环"将累积的资源重新组织到循环的新起点（孙晶等，2007）。

　　适应性循环理论表示了系统相对稳定的四种不同的发展阶段，具有不同的韧性含义，这一自适应系统能够在部分阶段实现跨越式演进，也可以随着时间螺旋式上升。例如，某些发达的特大型城市处于第一象限，城市人口和经济规模趋近

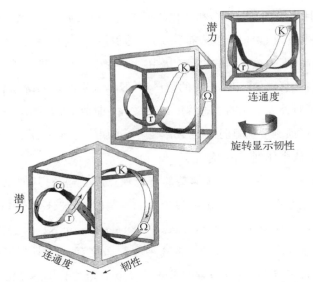

图 2 - 15   3D 适应性循环示意图（Gunderson 和 Holling，2002；孙晶等，2007）

资源承载力的边界，各城市要素和子系统密切关联、成熟、高效，以"锁定效应"和韧性下降为代价，易于遭受内外部风险的冲击。第三象限的开发/成长阶段代表处于上升势头的大中城市，各种资源不断积聚，创新能力较强，韧性达到最高。第二、四象限可类比新建和发展阶段的中小城市，灵活性和塑造韧性的潜力较大。"全球韧性百城"项目在我国优先选择了中小城市试点，究其原因，就是在于其更容易作出调整和改变（郑艳和林陈贞，2017）。

适应性循环理论中的韧性属性成为理解社会生态系统动力学的有效途径（Folke，2006），用于解释城市系统面临急性冲击和慢性压力的适应性问题。城市生态系统韧性受到城市多尺度社会-经济和生物物理过程的影响，长期处于适应性循环过程中（Holling，1996）。城市化地区从开发（r）阶段向保持（K）阶段变化时，城市人口的增长引发城市无节制的蔓延，城市模式和系统在这一过程中逐渐变得刚性和死板。城市韧性随着稳定域的收缩而降低。应对突发事件的脆弱性增加，城市从一个具有良好连通性、自然稳定的用地状态变为碎片化的用地状态，生态系统服务逐渐被城市蔓延削弱。例如，美国新奥尔良在 2005 年遭受卡特里娜飓风的前 40 年中，城市景观日趋致密。郊区蔓延、人类的干预导致滨海湿地消失、堤坝系统维护缺失等，一系列缓慢的变化都推动着城市走向受飓风冲击破坏

应运而生。社会-生态系统韧性被定义为"系统经受变化时吸收干扰、重组,并能够从本质上保持相同的结构、识别性和反馈的能力"。社会-生态韧性关心的主要是系统进入其它"状态空间(state space)"或集合前承受干扰的大小(Walker 等,2004)。基于这种理解,社会-生态韧性的属性或特征体现为:(1)系统能承受的并仍存在于原稳态的变化量;(2)系统应对外部变化的自组织能力;(3)系统构建学习与适应能力的程度(Gunderson 和 Holling,2002;孙晶等,2007)。

　　应用"状态空间"可以直观地理解韧性的内涵。"状态空间"是由系统的状态变量定义的。例如,用草地、灌丛面积、牲畜数量来定义牧场系统,"状态空间"就是由这 3 个变量的全部组合构成的三维空间。在其中运行的系统多是处于某一吸引盆地(basin of attraction)中,吸引盆地是"状态空间"的特定区域,处在其中的系统趋于稳定。但现实世界的社会-生态系统经常受到外部干扰、随机性及管理者决策的影响,所以系统总是在某一盆地内或若干盆地间(如牧场中草地、灌丛面积、牲畜数量的若干组合)移动。系统可进入的盆地及分离这些盆地的界限称为稳定性景观(stability landscape,图 2－17,图中黑点为系统所在位置)。稳定性景观中韧性的构成元素有 4 个(图 2－18):范围(latitude, L)——系统在丧失恢复能力前可改变的最大量;抗性(resistance, R)——改变系统状态的难易程度;不稳定性(precariousness, Pr)——系统距阈值的距离;扰沌(panarchy, Pa)——由于跨尺度相互作用,局部尺度上系统的韧性将受到不同尺度上系统状态及其变化的影响(孙晶等,2007)。

　　外部驱动因子(如降雨、汇率)和内部过程(植被更替、捕猎循环、管理实践)都可导致稳定性景观的改变,包括盆地数量和盆地宽度的变化(范围 L,图 2－17a)、

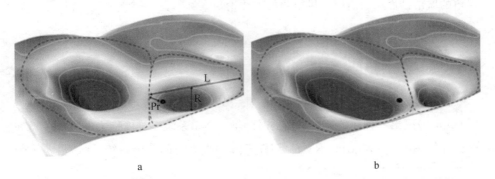

a　　　　　　　　　　　　　　b

图 2－17　稳定性景观的三维视图(Schumpeter, 1950;Walker 等,2004;孙晶等,2007)

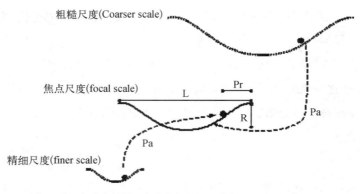

图 2－18　与稳定性景观相关的韧性的四个方面(Walker 等,2004)

盆地深度的变化(盆地深度表征系统在盆地中移动的难易程度—深的盆地意味着需要更强的干扰或管理才能改变系统的当前状态,即抗性 R,图 2－17a)、盆地形态或系统位置的变化(盆地形态或系统位置的变化将改变系统距盆地边界的位置,即变化 Pr,图 2－17a 或进入新盆地,图 2－17b)。管理者的目标就是使系统维持于所需的盆地中,防止系统进入不需要的盆地(Holling, 1996；Gunderson, 2000；Berke 等,2005；孙晶等,2007)。

　　值得注意的是,Resilience Alliance 对社会-生态韧性进行了 40 多年的研究与思考,提出了"生态和社会-生态系统的阈值和制度变迁"数据库(Thresholds Database)①,详细记录了全球不同尺度地域各类社会-生态系统(如森林/林地、灌丛、草原/稀树草原、藻类/海草床、珊瑚礁、湖泊、海洋、湿地、岛屿、苔原、干旱地带、大陆架水域、沿海、农业)韧性的变化机理、制度变迁和关键阈值,为灾害风险视角的城市韧性相关研究提供重要的方法论与案例库。

三、韧性矩阵

　　在充分吸收工程韧性、生态韧性和社会-生态韧性相关理论的基础上,Linkov(2013 a,b)提出一种在破坏性事件的时间轴上衡量系统多维度能力的方法——韧性矩阵(Resilience Matrix, RM)。韧性矩阵垂直方向的四个系统领域,借鉴了美

①　详见 https://www.resalliance.org/thresholds-db.

国军方"指挥与控制研究计划"开发的以网络为中心的作战原则（Alberts 和 Hayes，2003），该原则描述了一个高度网络化的系统是如何通过不同层面可度量的"域（domains）"来管理的。将系统组件分解成可度量的"域"，有助于确定系统的基本组成部分以及它们之间的相互作用。具体的四个领域为：（1）物理领域（Physical domain），包括系统物理方面在空间和时间上的性能，主要由系统基础结构和设备决定；（2）信息领域（Information domain），包括信息收集、分析和传播，具体信息可包括有关物理域健康状况的传感器信息，有关社会域的人口或行为信息以及用于实时收集和共享数据的方法；（3）认知领域（Cognitive domain），包括系统的组织和机构组成部分，特别是与决策相关的领域：谁有权作出决定以及根据什么信息作出决定，该领域包括评估计划和策略的存在程度，在整个组织中已被传达和接受的程度以及是否通过实践来测试和完善计划；（4）社会领域（Social domain），包括系统的人文维度，尤其是那些与系统的管理和治理无关的个人，其中有公民和社区团体的互动、协作与自我同步等要素。

　　韧性矩阵水平方向的时间周期，参考了美国国家科学院的韧性定义，即计划和准备、吸收、恢复、适应的能力（Cutter 等，2013），将系统面对破坏性事件的全过程分为计划/准备、吸收、恢复、适应（Plan/Prepare、Absorb、Recover、Adapt）四个阶段（图 2-19，Linkov 等，2014）。其中，计划/准备阶段为破坏性事件（故障或攻击）期间的可用服务和资产运行奠定基础；吸收阶段是保持最关键的资产功能和

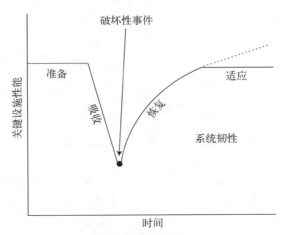

图 2-19　韧性管理框架的四个阶段（Linkov 等，2014）

服务可用性，同时排斥或隔离中断；恢复阶段是将所有资产功能和服务可用性恢复为其事前状态；适应阶段是利用从事件中获得的知识，进行协议更新、系统配置、人员培训等来增强韧性。

韧性矩阵是跨韧性功能的事件管理周期的系统域映射，即系统的四个"域"在事件管理周期的四个阶段中的表现和执行情况（图 2 - 20），生成的矩阵由 16 个单元格组成，每个单元格均可填充指标或其他性能评估结果（图 2 - 21），矩阵的 16

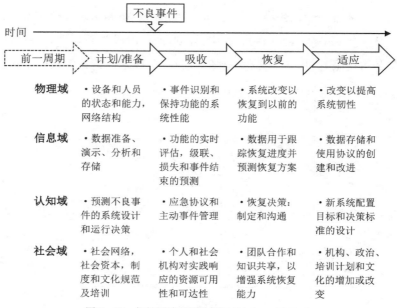

图 2 - 20   由事件周期和系统领域组成的韧性矩阵（Fox-Lent 和 Linkov，2018）

	计划/准备	吸收	恢复	适应
物理域	·设备和人员的状态和能力，网络结构	·事件识别和保持功能的系统性能	·系统改变以恢复到以前的功能	·改变以提高系统韧性
信息域	·数据准备、演示、分析和存储	·功能的实时评估，级联、损失和事件结束的预测	·数据用于跟踪恢复进度并预测恢复方案	·数据存储和使用协议的创建和改进
认知域	·预测不良事件的系统设计和运行决策	·应急协议和主动事件管理	·恢复决策：制定和沟通	·新系统配置目标和决策标准的设计
社会域	·社会网络，社会资本，制度和文化规范及培训	·个人和社会机构对实践响应的资源可用性和可达性	·团队合作和知识共享，以增强系统恢复能力	·机构、政治、培训计划和文化的增加或改变

图 2 - 21   韧性矩阵的评估指标（Linkov，2013 a）

个单元获得系统在事件周期的 4 个宽时步长内四个通用域的性能。韧性矩阵描述了整个系统随着时间的推移,通过对每个单元进行寻址,确保没有忽略系统的主要方面,且能够发现破坏性事件对系统其他领域的可能影响,这些领域和影响是传统韧性评估中没有考虑到或没有发现的。简言之,韧性矩阵的目标是提供一个指导框架,以启动关于韧性的对话和参与,并确定性能或表现不佳的关键领域,以便进一步调查和改进(Fox-Lent 和 Linkov,2018)。

利用韧性矩阵进行韧性评估分为 6 个步骤(Fox-Lent 等,2015):(1) 定义系统边界,如一个建筑、一个家庭、一个社区、一个城市或一个地区。系统边界应在地理上加以界定,空间规模将决定指标的具体程度。(2) 确定威胁情景的范围,包括自然灾害、人为灾害(网络攻击、恐怖袭击、化学品泄漏、大面积停电等)或社会灾害(疾病爆发、经济危机、经济衰退等)。(3) 确定需要维护的系统关键功能。关键功能是必须保持接近满负荷的功能,以便在事件发生后继续提供系统的基本服务,并在事件发生后支持恢复其他功能。以社区为例,其关键功能包括:住房/避难所、食物和清洁水、医疗服务、交通、电力、污水、工业/商业、生态系统服务、教育和娱乐,这些功能大部分与居民、经济或生态系统相关。用户选择的关键功能数量应限制在 3—5 个,关键功能类型根据社区的位置、规模、历史和价值观不同而存在差异。(4) 选择绩效(系统关键性能)指标,即选择一种或两种度量表征系统在每个域-阶段(矩阵单元)中的表现能力。韧性矩阵指标的最佳选择方法为地方专家评估法,以社区为例,即将包括市政府、市政服务、公用事业、交通、医疗服务、应急管理、社区发展、商业利益和需求的专业人员或代表,环境和生态系统敏感地区、特定威胁地区、脆弱地区的人口和居民代表召集起来,组成一个社区代表小组进行评估。确定的指标并不是一些普适性指标,而是适合本地信息和本地环境的相关指标,这些指标应该反映出社区系统韧性的关键特性,如模块化、分散性、冗余性、灵活性、适应性、机智性、稳健性、多样性、预期和反馈响应等,并且指标要被放在矩阵中最合适单元里。(5) 计算或生成得分值,计算或赋值方法因指标类型和性质而定。如单一指标通过确定可接受分数的上下限(如 0—1),根据线性效用函数进行计算(Linkov 和 Moberg,2011);组合指标根据其对系统性能评估的贡献采用加权求和方式计算;对于难以量化评估指标可采用检查表(Checklist)或专家打分法加以确定。(6) 找出差距并确定工作重点,通过检查和解释矩阵结果,找出得分最低的单元，以突出显示总体性能较低的区域，进而提出改进的行动计划并确定其优先级。韧性矩阵最终的评估结果是一个不同韧性等级的彩色编码热图（一般为 5 级）（图 2 - 22）。

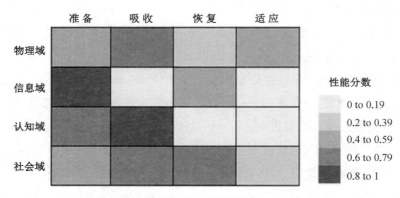

图 2 - 22　韧性矩阵的评估结果示例（Fox-Lent 等，2015）

第四节　城市韧性理论

一、城市韧性的时间尺度

最初的城市韧性研究更多关注空间上韧性策略的匹配问题,而就时间尺度对韧性策略的影响考虑不足。实际上,在面对未来环境和气候变化的影响时,城市的应对、恢复、适应或转变等行动,在不同时间尺度上对韧性(阈值)会有不同的影响,进而会影响韧性策略的制定。Chelleri 和 Olazabal(2012)在探讨荷兰三角洲城市化过程如何影响城市韧性时,首先系统回顾了荷兰历史上不同阶段的水管理措施及其空间配置,并提出了一种针对特殊城市环境的韧性评估框架。Chelleri 和 Olazabal 认为原有的水管理措施或空间配置,虽符合韧性原则,但水管理措施的空间尺度和系统定义可能会导致不同韧性策略的混淆(主要是适应性策略和过渡策略之间),而时间尺度(Timescale)的分析有助于阐明韧性行动对于韧性阈值的驱动作用,进而针对性提出韧性策略。因此,Chelleri 和 Olazabal 提出了城市韧性的时间轴(Timeline of Urban Resilience,图 2 - 23),并强调在当前反应能力和恢复能力不足时,时间尺度将成为研究不同城市韧性策略,制定应对冲击的反应、应对某些不断增加的压力的计划性、适应性调整或应对协同冲击的转型系统的决策的必要视角(Essential lens)。

图 2 - 23 反映了冲击应对行动和策略的实施与韧性阈值和时间尺度的相关性。具体而言,面对短期冲击的挑战,城市系统通过预防性适应和恢复性行动或策略(如荷兰案例中的防洪移动屏障和灾后重建行动)应对冲击,这些行动一般不会改变韧性阈值(即系统吸收外界打击的最大风险量级);面对中期冲击的挑战(反复的冲击压力),通过预防性适应行动或社会技术系统创新(如荷兰案例中的开发使用绿色屋顶进行保水、储水和再利用,"河流空间"指令规定的可浸河床和城市水空间等)引发的城市韧性阈值调整(一般是增大)。面对长期冲击的挑战

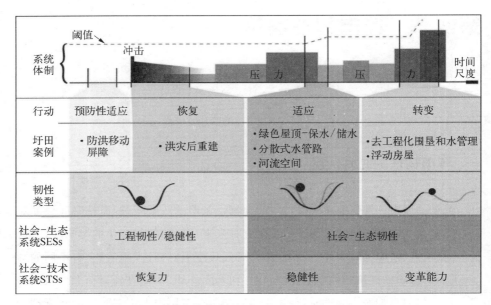

图 2-23　城市韧性的时间尺度（Chelleri 和 Olazabal，2012）

时，由于应对压力的成本和复杂性不断增加，城市结构和功能的配置可能变得不可持续，此时必然会出现范式转变（如荷兰案例中的去工程化①围垦、浮动房屋建设方案等），将先前的压力或影响纳入系统功能的改造和革新，一个更具韧性（阈值进一步增大）的城市可能因此诞生。此外，图 2-23 也体现了社会—生态系统（SESs）和社会—技术系统（STSs）两个领域关于韧性概念的时间线。

二、韧性城市的作用机制

　　韧性城市的作用机制，可概括为三个阶段（陈利等，2017）：第一阶段是承受。当外部出现变化时，由于城市系统具有自我修复功能，可承受一定程度的变化，而不必马上作出调整。第二阶段是韧性。虽然外部变化不断加大，但城市系统还能

①　所谓去工程化，是指从结构性措施向非结构性措施的转变，如由传统的减轻洪涝风险的结构措施（包括水坝、洪水征费、海浪屏障、抗震建筑和应急避难场所等）向非结构措施（包括建筑规范、土地利用规划法律、法规的建设和实施、风险辨识和评估、风险信息资源共享和公众风险认知提升方案等）拓展。去工程化的典型案例是莱茵河-默兹-斯海尔德河三角洲南部重新规划提案——Ecology as Industry，详见 http://www.delta-alliance.nl/nl/25222819-%5Blinkpage%5D.html?location=-20938558752035054,10641831,true,true.

进行某种程度的自我调整,以适应新变化。第三阶段是再造。当变化更大时,城市有足够能力再造新系统,并在新的外部条件下继续发展,包括经济缓慢复苏、社会转向和谐、环境出现好转三方面。为进一步阐释韧性城市的作用机制,韧性指数被引入来衡量城市韧性(图2-24)。韧性指数是城市系统遭遇威胁时承受能力提高百分比与威胁增强百分比的比值。城市受威胁后能承受的韧性存在临界值,其中临界值1为威胁增加百分比与系统承受能力提升百分比相等,而临界值2为城市系统承受韧性最大阈值。根据临界值大小,可将城市韧性划分成三种情形,分别为防御/承受、适应/恢复和学习/再造情形。

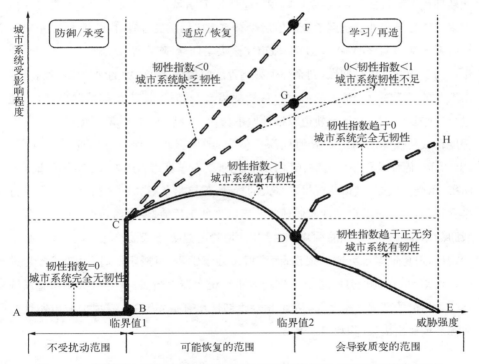

图2-24　威胁强度与城市系统受影响程度的关系(陈利等,2017;李彤玥和顾朝林,2014)

由于城市系统具有一定承受能力,当受威胁强度低于临界值1时无需调整,系统受影响程度为AB线段,韧性指数为0,其通过防御/承受就能应对外来威胁,城市系统无韧性;当受威胁强度大于临界值1而小于2时,系统承受能力受威胁冲击而受到影响,只有进行调整才能运转,系统承受能力得到强化;总体上韧性指数低于 0 时，城市系统承受能力不断下降，难以应付威胁冲击，系统受影响程度为直线 CF，城市缺乏韧性；韧性指数介于 0 到 1 时，系统承受能力增幅小于威胁增幅，无法化解威胁程度大于承受能力的部分，城市韧性不足，系统受影响程度为直线 CG，威胁的强化对系统影响逐步增强。当韧性指数高于 1 时，系统承受能力增幅大于威胁增幅，具有足够韧性来化解威胁增加的部分而富有韧性，系统受影响程度为弧线 CD，威胁增强对系统的扰动先增后减，韧性足以让系统承受外来冲击，这一情形即为适应/恢复。若受威胁强度达到系统承受阈值后韧性指数趋于正无穷，说明城市通过韧性改造后的学习和再造，实现韧性量变到质变转变，系统在新环境下运行良好，系统受影响程度是线段 DE，城市可从冲击中完全复苏。但如果城市受威胁冲击达到承受阈值后没有实现韧性质变，韧性指数将无限趋于 0，此时系统受影响程度为线段 DH，城市完全失去韧性（陈利等，2017）。

为了让城市更具韧性，则系统受影响程度应为图 2-24 中的 ABCDE 段，呈现出上升——下降——消失的演替。系统凭借自身韧性，逐步化解威胁破坏后，通过自我修复转入正常运行轨道。韧性城市作用机制启示，要尽量避免系统受影响程度在威胁强度的两个临界值处产生偏离，即要阻止韧性轨迹出现 CF、CG 和 DH 情形，促成理想韧性轨迹 ABCDE 的出现。对于城市管理者而言，当城市处于防御/承受阶段时，城市系统虽未受大的扰动，但已潜伏着未知威胁，因此，应进行必要预警，尤其是城市韧性薄弱环节。当城市处于适应/恢复阶段时，重点是预测威胁的增量并进行韧性的构建，确保韧性增量总是大于威胁增量，维持系统必要的韧性，避免遭遇不可逆的损伤；而当城市处于学习/再造阶段时，关键任务是进行韧性培育，在韧性目标指引下进行城市系统改造。当然，现实中威胁超过系统承受临界值的情况并不多见，因而此阶段韧性培育成本较高，需根据城市所处的实际环境作出决策（陈利等，2017）。

三、韧性城市恢复力演化机制

吴波鸿和陈安（2018）就当前学界还没有形成针对中国城市的独特性构建系统、全面、可操作的韧性城市研究框架问题，提出了一个韧性城市恢复力的评价模型，并且分析了在遭遇外部扰动过程中韧性城市不同阶段的演化机制，为韧性城市所强调的城市长期适应能力和智慧性服务建设提供参考。

1. 韧性城市恢复力评价模型

城市韧性恢复力问题涉及多主体、多客体及多维度,不能依靠直接观察测定,必须通过机理分析、替代指标和韧性因子推导。同时,由于城市韧性恢复力的复杂性,应对韧性问题降维并对研究对象和风险应对合理简化,即对韧性城市恢复力问题中的最小表现单元在某种单一风险或外部扰动影响下的韧性表现进行分析。选择替代指标和韧性因子应符合城市韧性的基本定义,具有代表性并可以量化的进行比较,这些指标可以通过搜集历史资料或经过合理假设获得。

韧性城市恢复力评价分为 3 个方面:强度(S1:strength)、刚度(S2:stiffness)和稳定性(S3:stability)。其中,强度是指城市抵抗外来灾害破坏的能力,用以描述研究对象在外来扰动侵袭下维持其自身功能正常运转的能力;刚度是指城市或其他研究对象在一定灾害破坏下功能性免于遭受损失的能力;稳定性是指城市保持其未受灾害影响状态下自有平衡状态的能力,与城市的组织结构关系密切。如图 2-25 所示,城市 A 抵抗外来灾害破坏的能力高于城市 B,城市 B 的城市功能受外来灾害破坏的影响小。换言之,城市 A 的韧性强度高于城市 B,城市 B 的韧性刚度高于城市 A。

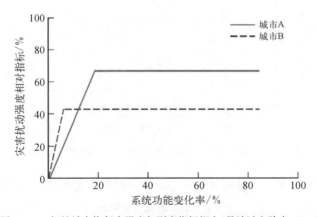

图 2-25　韧性城市恢复力强度与刚度指标概念(吴波鸿和陈安,2018)

对韧性城市而言,强度越高,说明城市可以抵抗的外来灾害规模越大,越不易完全丧失自身的功能性;城市刚度越高,说明城市功能越不易受到外部灾害的影响和扰动；稳定性越高，说明城市的内部组织结构越合理，城市的冗余性和智慧性越强。城市韧性计算公式为：

$$R = \sum_{M=1}^{3} S_m = S_1 + S_2 + S_3 \text{。}$$ (2-2)

2. 韧性城市恢复力演化机制

在受到外来灾害破坏时，韧性城市恢复力可用灾害强度与城市系统功能变化率进行评价。可分为4个阶段，依次是：弹性恢复阶段、恢复力损失阶段、恢复力强化阶段和恢复力丧失阶段。城市的韧性不仅是指减少灾害带来的风险和损害，更是指迅速恢复到稳定状态并保持城市必要的系统功能正常运转的能力。吴波鸿和陈安（2018）提出的韧性城市恢复力整体模型如图2-26所示，该模型适用于低维度的城市组成个体韧性评价，韧性城市所遭受的灾害以灾害扰动强度相对指标衡量，该指标是指城市所遭受的单次灾害强度与该城市所能承受的同类灾种的最大强度的比值。

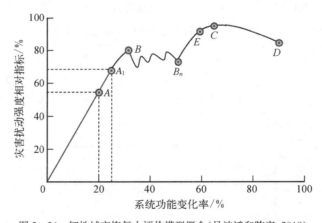

图2-26　韧性城市恢复力评价模型概念（吴波鸿和陈安，2018）

（1）弹性恢复阶段　当城市受到一定强度的外来灾害扰动时，城市系统功能受到一定程度的损失，但当外来扰动逐渐减小时，城市功能受到的影响将完全恢复。曲线的 $0-A-A_1$ 斜率越大，韧性城市恢复力的刚度指标越强，该城市在面对外来灾害扰动时城市功能越不易受到损失。A_1 点是韧性城市弹性恢复阶段的极限点，A 与 A_1 点越接近，城市的韧性化程度越高。

（2）恢复力损失阶段　在 B 点之后，尽管外来灾害扰动破坏变化很小，城市功能却出现了较大的损失。这一阶段为城市恢复力损失阶段，遭受损失的城市系统功能无法恢复到初始状态；该阶段为韧性城市自我恢复最为关键的阶段，也是城市自我调节抵御能力最弱的阶段。B_n 点是韧性城市恢复力的下限，是韧性城市规划者和管理者最应该关注的指标。

（3）恢复力强化阶段　B_n 点之后，如果外来灾害扰动强度不再增大，城市功能的损失不再增加。该阶段为韧性城市恢复力整体有所强化，是一个城市仍具有韧性恢复力的最后阶段。在此过程中，整个城市功能的整体性可能遭受到破坏。C 点为韧性城市可恢复性所能承受的外部扰动的上限；E 点为韧性城市规划者及管理者所应注意的预警上限。

（4）恢复力丧失阶段　C 点之后，韧性城市完全丧失恢复力，城市各项功能再也无法自行恢复。如果没有外部支援或重建，城市功能体系将开始崩溃，城市功能也无法再恢复或者正常运转。

四、城市韧性其他观点

1. "公共安全三角形"模型及应用

（1）"公共安全三角形"概念模型与构成要素

城市韧性研究历来受到公共安全学科的广泛关注。范维澄等（2009）从城市公共安全科技的视角，提出公共安全"三角形"理论框架，也称为公共安全体系的"三角形模型"或"公共安全三角形"模型。纵观突发事件从发生、发展到造成灾害直至采取应急措施的全过程，可以发现突发事件及其应对中存在三个主体：其一是灾害事故本身，即"突发事件"；其二是突发事件作用的对象，即"承灾体"；其三是采取应对措施的过程，即"应急管理"。突发事件、承灾体、应急管理三者构成了一个三角形的闭环框架（图 2 - 27）。联接三个

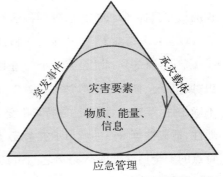

图 2 - 27　"公共安全三角形"模型（刘奕等，2017）

边的节点统称为灾害要素，包括物质、能量和信息（范维澄和刘奕，2009；刘奕等，2017）。

灾害要素是指可能导致突发事件发生的因素。灾害要素本质上是一种客观存在，具有物质、能量、信息三种形式。灾害要素超过临界值或遇到一定的触发条件就可能导致突发事件，在未超过临界量或未被触发前并不造成破坏作用。

突发事件是公共安全关注的重点之一。"公共安全三角形"模型中的"突发事件"被界定为：（1）由灾害要素导致的事件；（2）具有较高强度的破坏性；（3）其破坏性已经或即将施加在承灾体上。突发事件具有如下特点：（1）突发事件的发展演化具有一定的规律；（2）适当的人为干预能够影响突发事件演化过程；（3）突发事件的作用表现为物质作用、能量作用、信息作用和耦合作用四种形式，具有类型、强度和时空特性三方面属性。

承灾体是突发事件的作用对象，一般包括人与物及其功能共同组成的经济、社会与自然系统三方面。承灾体是人类社会与自然环境和谐发展的功能载体，是突发事件应急的保护对象。承灾体在突发事件中的破坏表现为本体破坏和功能破坏两种形式。本体破坏指承灾体在突发事件作用下发生的实体破坏，是最常见的破坏形式。功能破坏指突发事件的作用导致承灾体原本具有的各种功能无法履行。承灾体在突发事件作用下发生本体破坏的可能性和程度，通常用脆弱性来衡量，功能破坏的可能性和程度则用稳健性（robustness）来衡量。承灾体的破坏导致其蕴含的灾害要素被意外释放，是造成次生事件和事件链的必要条件。

应急管理是可以预防或减少突发事件及其后果的各种人为干预手段，应急管理的本质是管理灾害要素及其演化与作用过程。应急管理的核心是获知应急管理的重点目标，掌握应急管理的科学方法和关键技术。

（2）应用模型1——城市安全韧性三角形模型

黄弘等（2018）将"公共安全三角形"模型用于安全韧性城市研究，并进一步提出"城市安全韧性三角形"模型（图2-28），模型的3条边分别代表：具有突发性、不确定性、连锁性、耦合性等特点的公共安全事件，具有冗余性、多样性、多网络连通性、适应性等特点的城市承灾系统，具有协同性、快速稳定性、恢复力、学习力等特点的安全韧性管理；3条边之间由具有抵御、吸收、恢复、适应、学习等特点的响应过程相联结。

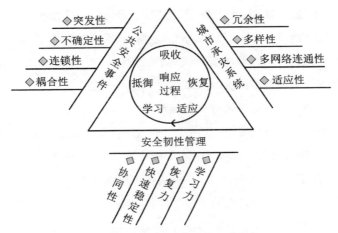

图 2-28　城市安全韧性三角形模型（黄弘等，2018）

公共安全事件是给城市系统带来冲击的直接因素，具有突发性、不确定性、连锁性、耦合性的特点，包括自然灾害、事故灾难、公共卫生事件、社会安全事件等各类可能在城市中发生的突发事件；城市承灾系统是公共安全事件的作用载体，既包括建筑、基础设施等城市物理实体，也包括人及由人的行为产生的经济社会和信息社会；安全韧性管理是对由公共安全事件和城市承灾系统构成的城市灾害体系施加的人为干预作用，可以减弱公共安全事件对城市承灾系统造成的影响，增强城市的安全韧性，涉及领导协调、资源保障、应急处置等诸多方面的内容；响应过程贯穿于城市安全韧性构建与提升的各个阶段，包含抵御、吸收、恢复、适应、学习等，是安全韧性管理的关键环节。城市承灾系统面对安全事件风险会经历上述响应过程，安全韧性管理将优化这个过程，使风险降到最低。

（3）应用模型 2——安全生产韧性三角形模型

钟茂华和孟洋洋（2018）将"公共安全三角形"模型用于城市安全生产韧性模型构建，提出安全生产韧性三角形模型（图 2-29）。模型以安全生产突发事件、作业场所承灾体、安全生产

图 2-29　安全生产韧性三角形模型
（钟茂华和孟洋洋，2018）

韧性管理为 3 条边，以抵御、吸收、恢复、适应、学习的响应过程联接 3 条边，揭示出城市安全生产韧性管理的基础要素。进一步指出，安全生产发展的主要任务是通过对安全生产突发事件、作业场所承灾体、安全生产韧性管理 3 方面的研究和有效控制，实现安全生产领域的实时保障。

（4）应用模型 3——社会治理韧性模型

周睿等（2018）将"公共安全三角形"模型用于社会治理策略研究，提出基于理论模型的社会治理策略研究框架为："2 个维度着眼"——考虑"人"作为致灾因子和承灾体 2 个方面；"第 3 维度着手"——从管理维度针对上述 2 个方面开展策略研究，形成人口风险驱动的社会治理策略（图 2-30）。

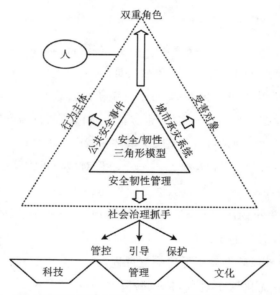

图 2-30   基于三角形模型的社会治理策略研究框架（周睿等，2018）

与一般的要素不同，上述模型中的"人"在安全系统中可能具有不同的角色、发挥不同的作用，从而体现在模型中与 3 条边都有密切关联（周睿等，2018）：一方面，"人"在公共安全事件中往往是一类重要的致灾因子，即所谓"天灾人祸"，其中"天灾"主要指自然灾害，而由人的主观或客观行为直接或间接导致的"人祸"，包括大部分社会安全事件以及部分事故灾难和公共卫生事件；另一方面，坚持"以人为本、生命至上"的安全观，安全科学研究和工作实践要以"人"为中心，说明"人"

在安全系统中同时又是具有特殊重要地位的承灾体,需要重点关注"人"的脆弱性和韧性。此外,"人"具有能动性、社会性、组织性等特点,决定了其在管理维度上也是最主要的关注对象。此处所述管理维度的范畴,分别对应公共安全及安全韧性模型中的应急管理和安全韧性管理,也包含社会治理的内容。

此外,"公共安全三角形"模型被应用于区域公共安全规划管理(王小娟,2013)、舰船消防安全工程理论框架设计(陆守香等,2017)、社区风险防范实践(贾楠等,2019)、城市生命线系统安全规划(张鼎华等,2018)、产品质量安全突发事件分析(张鼎华等,2016)、化工园区安全保护方法设计(肖冰,2015)、火灾事故演化建模(陈政辉,2014)等领域。

2. 韧性棱镜与韧性红利理论

韧性棱镜(Resilience lens,或称韧性视角)原则和韧性红利(Resilience dividend)理论是城市规划学、经济学评估韧性项目或政策绩效(韧性红利)的基础理论(Rodin,2014;2015)。韧性红利指实施韧性项目产生的结果与没有韧性项目的结果之间的差值。"没有韧性项目"常被称为"一切照旧"(business as usual,BAU)情景(Bond等,2017a)。换句话说,韧性红利是实施韧性项目(或政策)情景与反事实情景(a counterfactual setting)之间的净收益流之差。"反事实情景"可以是无项目案例(BAU 情景),也可以是没有使用韧性视角开发的替代项目,它是比较项目级别收益的基准。韧性红利并不一定局限于从特定的冲击中恢复或承受压力的相关收益/成本,而是相对于选定的基准(如 BAU 情景),使用韧性棱镜设计的项目或投资组合的长期预期总净收益。即使在没有不利事件的情况下,使用韧性棱镜开发的项目也可能会产生共同收益(或在某些情况下为成本)(Fung 和Helgeson,2017)。

韧性红利的应用意义在于:从经济角度看,良好的决策需要优先考虑具有最大总净效益的可行项目。如果未充分考虑到正的韧性红利收益,则会低估项目的总价值,因为无法准确估算项目的真实价值,可能会导致次优决策。特别是决策需要考虑共同利益和结构动态变化以反映所有利益和成本的情形。例如,与修建堤坝相比,改变土地利用规划可以同样降低洪水造成损害的风险,但收益和成本却截然不同。如果不考虑土地利用规划产生的与洪水无关的利益,如生态系统服务(更好的水质、休闲娱乐),可能会使决策偏向建设堤坝。即使无法明确评估全部韧性红利，关于不同收益和成本流的定性信息也可能有助于描述项目成果，并在相互竞争的行动方案之间作出选择。

　　韧性红利评估的代表性模型是 RAND 公司和洛克菲基金（Rockefeller Foundation）开发设计的 RDVM（Resilience Dividend Valuation Model）模型（Bond 等，2017a，b），该模型以包容性财富理论（Inclusive Wealth Theory）为基础。包容性财富框架提供了一种面向生产的结构，可用于在动态环境中表示复杂的系统。它将系统的要素分解为资本存量及其演变、人类对资本存量变化的反应（上述分配机制）、这些存量产生的商品和服务的流动以及这些流动创造的福祉。RDVM 假设这些要素的功能是相关的，并且直接或间接地受到韧性干预的影响。因此，RDVM 模型包括资本规模（Capital Stocks）、商品和服务（Goods and Services）、生产函数和分配机制（Production Functions and the Allocation Mechanisms）、社会福利函数（Social Welfare Function）、冲击和压力源（Shocks and Stressors）、项目干预（Project Interventions）6 大要素。韧性红利的收益类型也分为直接利益（Direct Benefits）、共同利益（Co-Benefits）、与分配机制有关的利益（Benefits Related to the Allocation Mechanism）和项目成本（Costs of the Project）4 类。

　　RDVM 的评估框架可由图 2-31 表示。图 2-31 中，纵轴代表社会福利，横轴是时间。评估时间是在冲击发生后的一段时间，即事后韧性红利评估。在冲击发生之前，韧性项目情景和 BAU 情景（无韧性项目情景）的福利路径是相同的。在

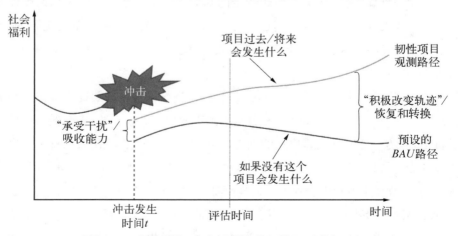

图 2-31　评估项目一次冲击后的韧性红利（Bond 等，2017b）

时间 t 发生冲击之后，韧性项目路径和 BAU 路径是不同的。在冲击发生前后，这种路径差异可以被概念化为项目的价值，表现在增加承受干扰能力或吸收冲击能力方面。这两条路径之间的垂直距离，以社会福利单位衡量，是韧性红利的主要部分。此外，随时间两条路径不断分化带来的垂直距离增加（即恢复、转换带来的收益）也是韧性红利的一部分。显然，RDVM 的评估过程中，BAU 路径的设计和商品、服务流经济价值的估算成为韧性红利计算的关键因素。

　　事实上，即使在没有冲击的情况下，一些项目仍然能够产生和累积额外收益，称为共同收益。图 2‐32 反映了评估项目共同收益和一次冲击后韧性红利的过程。冲击发生前的共同收益同样源于韧性项目路径和 BAU 路径的福利差异。同样，图 2‐32 中评估的韧性红利包括冲击发生前韧性项目产生的共同收益、冲击发生后韧性项目增加吸收能力带来的收益以及恢复带来的收益 3 部分。

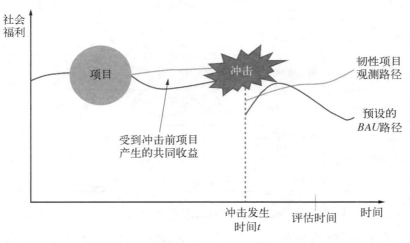

图 2‐32　评估项目的共同收益和一次冲击后的韧性红利（Bond 等，2017b）

　　Fung 和 Helgeson(2017)分析社区韧性规划产生的共同收益（韧性红利），并提出运用可计算一般均衡模型（Computable General Equilibrium Models，CGE 模型）评估社区韧性规划的韧性红利（净共同收益，Helgeson 等，2017）。表 2‐2 列出韧性投资带来的可能韧性红利，包括直接收益和共同收益。其中，直接收益主要是减轻灾害的影响，如海啸、地震、暴雨和洪涝带来的人员伤亡、房屋破坏和经济损失；共同收益表现为经济韧性提升、经济进一步发展以及区域开发（如开发河漫滩)等。世界银行首次提出"韧性三重红利"的概念(Tanner 等,2015；Surminski 和 Tanner，2016)，用来反映灾害风险管理(DRM)的直接和间接效益,尤其强调带来的经济发展效益。"韧性三重红利"被确定为：(1)在发生破坏性事件时避免或减少损失；(2)通过降低灾害风险来提高经济韧性；(3)发展的共同利益。值得注意的是,促进经济发展本身就是一种红利,而发展的共同利益则是第三种红利。Weingärtner 等(2017)进一步讨论了灾害风险保险(Disaster risk insurance)带来的三种韧性红利,指出就保险业而言,第一次和第二次红利主要是支持金融韧性和经济增长,第三次红利预计将以更广泛的方式推动发展和增强韧性。其中,保险单的设计、保险计划的具体机制和实施环境将影响保险福利(共同收益)的实现及其成本(共同成本)与不利影响的性质。

表 2-2　韧性投资带来的韧性红利(Fung 和 Helgeson，2017)

韧 性 投 资	直接收益	共 同 收 益	相 关 文 献
灾害风险管理	避免或减少损失	经济韧性与发展(三重红利)	Tanner 等，2015；Vorhies 和 Wilkinson，2016；Mechler 等，2016
小企业措施(如长期租赁)、早期预警系统	减轻海啸影响	韧性旅游业	Larsen 等,2011
海滩长廊、高架住宅	减轻海啸影响	旅游业和渔业、提高风险意识和防灾准备	Khew 等,2015
修改区划	减轻地震影响	可持续发展	Saunders 和 Becker，2015
绿色基础设施	减轻暴雨影响	娱乐业	Tomczyk 等,2016
防洪堤	减轻洪水影响	深入开发河漫滩	Wenger，2015

陶懿君(2018)认为：在城市规划与都市治理中,应该充分考虑城市所面临的危机和挑战,识别城市潜在的危机,评估隐藏的风险,制定切实有效的韧性战略计划,遵循韧性棱镜原则并获取韧性红利,使韧性效益最大化。韧性红利是指在通过实施某一项韧性策略,能够同时获得例如经济、社会、人文、环境、安全等多项韧性综合效果,使城市韧性建设的各项效益达到最大化。

韧性棱镜原则可细分为以下 7 方面：(1)威胁城市的急性冲击与长期压力往往都有自身复杂的形成背景和原因。因此,韧性策略的制定需要进行综合全面的考量,构建跨行业多专业的整合团队来应对错综复杂的城市挑战。(2)很多威胁到城市的冲击与压力是潜在的,不易发现的。但如果一经爆发,将对城市造成严重危害。通过广泛的风险和危害评估,识别多重冲击和压力所产生的影响是韧性棱镜原则中的一项关键。(3)在制定韧性策略时,需要从短期、中期、长期等不同建设时间段对韧性项目进行考量检验,以求达到各阶段的韧性目标。(4)制定韧性策略时需要充分考虑策略是否具有反思性、稳健性、灵活性、综合性、充裕性、包容性、应变性等特质,使韧性策略能够从容的面对、承受、应对并适应各种类型的冲击与压力。(5)韧性策略要尽可能照顾到社会弱势群体的利益,创造一个公平合理的城市未来。(6)在制定韧性策略时需要尽量发挥广大利益相关群体的参与力量与行动力度,及时了解利益相关群体的切实需求。(7)制定城市韧性策略应该综合考虑城市与周边城市、区域的关系以及城市在国家乃至在全球竞争中所处的地位,进行全面综合的战略思考。

此外,联合国防灾减灾署(UNDRR)组织召开的第六届全球减灾平台大会(Global Platform for Disaster Risk Reduction 2019,GP2019)的主题即为韧性红利:建设可持续和包容性社会。大会聚焦并充分展示全球各地、各领域、各层面通过实施灾害风险管理和风险引导型发展投资所带来的经济、社会、环境等多个维度的产出和回报(韧性红利)。其中,"韧性红利"的概念较宽泛,不仅仅局限于货币红利,还有助于降低灾害风险,促进发展,带来长期的社会、环境和经济效益(顾林生等,2019)。大会"气候和灾害风险融资和保险解决方案的全球抗灾伙伴关系"议题的提出,向世界上最脆弱的人提供保险,促进减轻风险和提高社区抗灾力。通过全球性保险合作,促进对脆弱环境领域加强投资,释放多样化的韧性红利。显然,韧性红利的理论与应用研究将是韧性评估多学科发展的重要方向。

3. 基于复杂适应性系统的韧性城市理论

城市作为一个复杂系统的状态是实现韧性特性的基础,Desouza 和 Flanerv(2013)的研究从城市复杂适应性系统的多重反馈出发进行韧性城市框架建构(图 2-33,李彤玥,2017)。复杂系统或者复杂适应性系统通过多方向的反馈过程创造了自组织或者涌现模式(emergent patterns)。识别和研究这些反馈是框架构建的关键,包括城市要素(components)、压力源(stressors)、压力源作用结果(outcomes)、增强作用(enhancer)、抑制作用(suppressors)、作用影响(impact)、干预手段(interventions)等部分。城市系统作为"物理"和"社会"两种要素构成体系,与自然、技术、经济和人类四种类型压力源之间存在交互作用。其中，物理要素是物理资源和过程；社会要素包括人、制度和行动。自然压力源指飓风、地震、海啸及与气候变化相关的外生性灾害；技术压力源指技术体系故障及其传播扩散（Rinaldi，2004）；经济压力源指经济波动及失业、加剧贫穷等（Sassen，2011）；人类压力源指犯罪和骚乱、恐怖袭击、战争等（Harrigan 和 Martin，2002）。

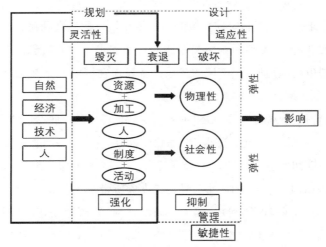

图 2-33   基于复杂适应性系统的韧性城市框架（李彤玥，2017）

城市系统在压力源的作用下，可能出现破坏、衰退和毁灭三种损伤。人这一关键角色通过强化和抑制作用调控压力源对城市要素的影响。强化作用指增加压力源强度及其作用于城市要素的持续时间；抑制作用是降低压力源强度及其作用于城市要素的持续时间。城市规划是构建韧性城市的方式之一，其作用是在城市中布局新的要素。灵活的规划（plans that are flexible）是塑造城市韧性的重要机会，规划最基本的方面在于激活和捕捉自组织原则，使信息和潜在的反馈能够多向流动（李彤玥，2017）。

4. 基于演化经济地理学的韧性城市理论

经济地理学者也尝试运用韧性理论来研究不确定、不稳定和变化的城市区域经济韧性问题。起初基于"单一平衡"的"区域经济韧性"的定义是"区域经济在面对一些外生冲击时保持预先存在的平衡状态的能力"及"区域和国家经济经历外生冲击后能够回到冲击前水平的增长速率"（Hill 等，2008）。另一些研究强调路径依赖和封闭稳定的系统结构,采用"多重平衡和次级持续"视角开展研究(Pendall等,2010)。综合以上研究认为,区域经济韧性指"经济被锁定为一个低水平的平衡之后快速转换至一个'更好的平衡'的能力"。

近年来,区域经济"单一平衡"和"多重平衡"假设因具有局限性而受到批判(Martin,2011),它们不能够解释韧性的地理空间分异问题。最近的研究趋势是从演化经济地理的视角定义"适应"的概念以更好地解释"韧性的地理多样性和不均匀性"。"适应性"是指能够通过松散和微弱的社会代理人的耦合产生多重演化动态轨迹,综合响应偶然事件,不至于破坏整个系统(Pike等,2010;Grabher和Stark,1997)。"锁定"是政治、经济、社会制度和关系的配置随着时间逐渐僵化(rigid)(Grabher,1993),依赖于之前的增长路径,随着时间自我加强,不利于塑造适应性。在演化的框架内,锁定是不可避免的,但是很多"去锁定"的机制有助于塑造适应性。例如技术的发展、多样化经济代理人的创新、进口和植入外部资源以及经济结构的多样化(Martin和Sunley,2006)。适应性视角的韧性是一种典型的演化视角,关注韧性的动态过程,而不仅是一个特征(李彤玥,2017)。

第三章

城市韧性评估的基本方法

图 3-0　Arup 城市韧性框架手册封面图片

"To articulate urban resilience in a measurable, evidence-based and accessible way that can inform urban planning, practice, and investment patterns which better enable urban communities（e. g. poor and vulnerable, businesses, coastal）to survive and thrive multiple shocks and stresses. "

—— Rockefeller Grantee Workshop

"以一种可衡量的、基于证据的和可获取的方式阐释城市韧性,从而为城市规划、实践和投资模式提供信息,使城市社区(例如穷人和弱势群体、企业、沿海地区)能够在多重冲击和压力下生存和繁荣。"

—— 洛克菲勒受赠人工作组

第一节　奥雅纳(ARUP)城市韧性框架(CRF)

　　为评估全球不同城市的韧性水平,在洛克菲勒基金会(The Rockefeller Foundation,RF)的资助下,奥雅纳(ARUP)公司通过文献对比、案例研究和利益相关方访谈,构建了城市韧性框架(City Resilience Framework,CRF,图 3 - 1)和城市韧性指数(City Resilience Index,CRI,ARUP,2016),并基于"100 韧性城市"("100 Resilient Cities")项目开展实践研究。城市韧性框架以全球 149 个城市案例

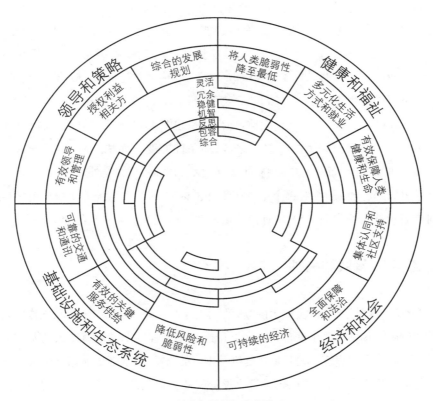

图 3 - 1　Arup -城市韧性框架示意图(Arup,2016)

为基础，根据城市的层次、范围和相互关联性，提出了健康和福祉（Health &
Wellbeing）、经济和社会（Economy & Society）、基础设施和生态系统
（Infrastructure & Ecosystem）、领导和策略（Leadership & Strategy）4 个维度，对
应居民（People）、组织（Organisation）、场所（Place）和认知（Knowledge）4 个主题，
并具体化为 12 个目标（主因子）、52 个绩效指标（次级因子）及 156 个二级指标，以
此全面反映城市应对各类冲击和压力的水平与能力。每个城市都是独一无二的，
韧性在不同城市的表现也各有不同。城市韧性框架为理解城市复杂性和城市韧
性驱动因子提供了独特视角。依据城市韧性框架，各个城市能够评估自身的韧性
水平，识别主要的薄弱环节，设计韧性行动和项目，进而实现城市韧性水平的提
升。此外，城市韧性框架还是一个"对比分析"的平台，它使用统一的框架和指标
衡量城市的韧性水平，使得不同城市可以进行知识和经验的分享。

城市韧性是指城市中的个人、社区、机构、商业体或系统在遭受到任何持续慢
性压力或突然冲击时生存、适应并发展的能力。韧性系统包含 7 个主要特征（表
3-1），即反思性/反省性（Reflective）、智慧性/智谋性/资源可用性/资源富余
（Resourceful）、包容性/兼容性（Inclusive）、集成性/完整性/整合性/综合性
（Integrated）、稳健性/坚固性（Robust）、冗余性/盈余性（Redundant）和灵活性/可
塑性（Flexibility/ Flexible）。相应地，韧性城市也具有以下 5 个方面的特征（Bond
等，2017a）：（1）具有强大的反馈环路，可随条件的变化而快速感知，并允许引入
新的备选方案；（2）面对灾难影响，能灵活改变和发展；（3）受外来影响时，可进行
方案选择，以防止该影响对整个系统产生冲击；（4）确保在系统的重要环节发生故
障时有备份或备用设备；（5）具有快速恢复功能和避免长期中断的能力。

一、维度 I：健康和福祉

"健康和福祉"维度涉及城市的"居民"主题，关系到在城市中生活和工作的每一
个人的健康与福祉。该维度首先考虑城市能在多大程度上满足每个人的基本需求
（包括食物、水和住房等），尤其是在危机发生时的需求；其次考虑城市如何支持居民
多元化的生活方式，包括居民获得商业投资和社会福利的机会；最后强调一个城市
是否能够向居民提供常规和紧急医疗服务，来保障居民的健康。该维度包括"将人

表 3-1　Arup-城市韧性框架评估指标与系统韧性的关系（Arup, 2016；全美艳和陈易，2019）

维度	因子		指标		品质						
					综合性	包容性	反思性	智慧性	稳健性	冗余性	灵活性
1. 健康和福祉	1.1 将人类脆弱性降至最低	1.1.1	安全和可负担的住房								
		1.1.2	充足和可负担的能源供应								
		1.1.3	拥有获得安全饮用水的途径								
		1.1.4	有效的卫生设施								
		1.1.5	足够实惠的食品供应								
	1.2 多元化生活方式和就业	1.2.1	包容性劳动政策								
		1.2.2	相关技能和培训								
		1.2.3	当地企业发展与创新								
		1.2.4	支持性融资机制								
		1.2.5	冲击后对生计的多样化保护								
	1.3 生命和健康保障	1.3.1	健全的公共卫生系统								
		1.3.2	充足优质医疗护理								
		1.3.3	急救医疗服务								
		1.3.4	有效的应急响应服务								
2. 经济和社会	2.1 集体认同的社区支持	2.1.1	当地社区的支持								
		2.1.2	有凝聚力的社区								
		2.1.3	强大的城市认同和文化								
		2.1.4	积极参与的公民								
	2.2 全面保障和法治	2.2.1	遏制犯罪的有效制度								
		2.2.2	积极预防腐败								
		2.2.3	有效的治安								
		2.2.4	完善的刑事和民事司法体系								
	2.3 可持续的经济	2.3.1	管理完善的公共财政								
		2.3.2	全面的商业持续计划								
		2.3.3	多样化的经济基础								
		2.3.4	有吸引力的商业环境								
		2.3.5	与区域和全球经济的强有力整合								

续表

维度	因子	指标	品质				质		
			综合性	包容性	反思性	智慧性	稳健性	冗余性	灵活性
3. 基础设施和生态系统	3.1 降低风险和脆弱性	3.1.1 综合的危害性和暴露性地图							
		3.1.2 适当的规范、标准和执行							
		3.1.3 有效管理的保护性生态系统							
		3.1.4 强大的保护性基础设施							
	3.2 有效的关键服务供给	3.2.1 有效的生态系统管理							
		3.2.2 灵活的基础设施服务							
		3.2.3 保留备用的容量							
		3.2.4 关键服务的高效维护和连续性							
		3.2.5 关键资产和服务的连续性							
	3.3 可靠的交通和通讯	3.3.1 多样化和价格合理的交通运输网络							
		3.3.2 有效的运输管理和维护							
		3.3.3 可靠的通信技术							
		3.3.4 安全的技术网络							
4. 领导和策略	4.1 有效的领导和管理	4.1.1 恰当的政府决策							
		4.1.2 政府机构间的有效协调							
		4.1.3 利益相关者积极主动的协作							
		4.1.4 综合的城市监测与风险评价							
		4.1.5 政府的综合应急管理							
	4.2 授权的利益相关者	4.2.1 普及教育							
		4.2.2 广泛的社区意识和准备							
		4.2.3 有效的社区与政府互动机制							
	4.3 完整的发展规划	4.3.1 全面的城市监测和数据管理							
		4.3.2 协商规划过程							
		4.3.3 恰当的土地利用和区划							
		4.3.4 稳健的规划审批流程							

注：表格右侧有灰度的色阶代表此项品质与此项指标的相关性

极强相关　强相关　较强相关　相关　较弱相关　弱相关　极弱相关　不相关

类脆弱性降至最低"、"多元化生活方式和就业"、"生命和健康保障"3个主要因子。

（1）"将人类脆弱性降至最低"因子旨在最大限度地降低潜在的人类脆弱性。在保障食物、生活用水和卫生设施、能源和住房等基本的生活需要的基础上，居民能够应对不可预见的危机。该因子考虑满足每个人的基本生活需求，包括5个绩效指标：安全和可负担的住房（所有城市居民拥有可负担的安全住房）、充足和可负担的能源供应（城市为所有人提供了充足的、经济实惠的能源供应）、拥有获得安全饮用水的途径（城市能提供充足的安全饮用水）、有效的卫生设施（为所有地区提供安全、可靠和可负担的卫生设施）和足够实惠的食品供应（为所有人提供充足的、廉价的食品）。

（2）"多元化生活方式和就业"因子旨在创造更多的生计机会，并建立保障性机制，使居民能积极应对不断变化的外部环境。居民可以利用获得的资金支持、技能培训、商业支持和社会福利等，使个人拥有长期、稳定的生计，并逐步积累储蓄，不仅能支持居民进一步发展，还能提高他们在面对危机时的生存能力。该因子包括5个绩效指标：包容性劳动政策（指包容性劳动政策和标准以及针对低收入群体的有效福利体系）、相关技能和培训（指使居民拥有满足当前和新兴就业市场需求技能的有效培训机制）、当地企业发展与创新（指当地拥有繁荣、适应性强、包容性强的良好商业环境）、支持性融资机制（指拥有多源的融资渠道，使企业能够应对不断变化的外部环境，并能为面对冲击事件提前制定应对措施）和冲击后对生计的多样化保护（指企业和个人在应对冲击时拥有多种应对的方案或措施）。

（3）"生命和健康保障"因子强调医疗制度对于预防日常疾病发生和传播以及在紧急情况下保护居民健康方面发挥至关重要的作用。医疗制度包括一套针对性的操作方法，并以重要基础设施为支撑，有助于维持公共卫生、慢性和急性健康问题治疗等需要，实现应急服务。该因子包括4个绩效指标：健全的公共卫生系统（能够强有力的监测和减轻公共卫生风险）、充足的优质医疗服务（能便捷的获得医疗服务）、急救医疗护理（资源充足的急救医疗服务）和有效的应急响应服务（资源充足的应急服务）。

二、维度 II：经济和社会

"经济和社会"维度涉及城市的"组织"主题，旨在创造一个能够让市民在城市中正常生活、参与集体行动的社会和经济制度。城市应该具有良好的法律、秩序以及财政管理制度；同时，城市内部也能营造出市民集体认同和相互支持的环境，其中开放空间（如公园、广场、博物馆等）和文化遗产对这种环境的营造也发挥着重要作用。只有通过维度Ⅰ——提供基本的食物、水和卫生设施、能源和住房来满足居民的生理需求，才有可能实现"经济和社会"这一维度。该维度包括"集体认同的社区支持"、"全面保障和法治"和"可持续的经济"3个主因子。

（1）"集体认同的社区支持"因子认为活跃的、得到政府适当支持的以及彼此之间有良好联系的社区，有助于自下而上地创建具有共同文化属性的城市。这些城市使得个人、社区和政府能够相互信任与支持，能共同面对不可预见的危机，避免内乱或暴力的发生。该因子包括4个绩效指标：当地社区的支持（具有凝聚力的社会，为个人、家庭和社区提供支持与帮助）、有凝聚力的社区（整个城市由有凝聚力的、和谐的社区构成）、强大的城市认同和文化（具有凝聚力的地域特征和地域文化，所有市民都能感受到城市的归属感）及积极参与的公民（公民积极参与社会活动，并积极表达意见）。

（2）"全面保障和法治"因子认为在执法中应采取综合和因地制宜的方法，有助于减少和预防城市中的犯罪和腐败。通过建立一个透明的、基于伦理原则的司法制度，城市才能在日常生活中维护法治，提升公民意识。这些制度和约定对于在城市遭受外来压力时保持良好的秩序至关重要。如果执法部门有周密的计划，且有充足的资源，则有助于城市尽快恢复秩序，确保人们的身心健康。该因子包括4个绩效指标：遏制犯罪的有效制度（遏制犯罪的综合、协作和灵活的机制）、积极预防腐败（建立公正透明的制度，惩治腐败，促进司法公正）、有效的治安（有效的治安措施和制度，以确保城市安全）和完善的刑事与民事司法体系（建立有效的机制，促进司法公正和民事纠纷解决）。

（3）"可持续的经济"因子认为强大的经济系统对于城市基础设施的维护、为社区提供所需的投资至关重要，它有助于创建应急基金，以便个人和公共部门使用基金来应对紧急情况与突发事件。城市因而能够更好地应对不断变化的经济状况并实现长期繁荣。"可持续的经济"体现在健全的城市金融管理、多样化的收入来源、吸引商业投资、分配资本和建立应急基金的能力等方面。该因子包括5个绩效指标：管理完善的公共财政（强有力的监测，能减轻公共财政风险）、全面的商业持续计划(跨公共和私营部门,资源丰富的、灵活多样的业务连续性计划)、多样化的经济基础(稳健、灵活和多样化的地方经济)、有吸引力的商业环境(在强大的城市品牌以及经济和社会环境的推动下,城市拥有多样化和资源丰富的投资环境)以及同区域与全球经济的强有力整合(城市经济与其他经济体能紧密融合)。

三、维度 III：基础设施和生态系统

"基础设施和生态系统"维度与城市的"场所"主题有关。基础设施和生态系统的质量是保障人类发展的关键。该维度重点考虑了基础设施和生态系统的稳健性,即在它们受到冲击或压力的情况下,关键服务仍能保持连续性,特别是供水、供电和固体废物管理系统,还有货物、服务、人员和信息流动的交通与通讯系统。该维度包括"降低风险和脆弱性"、"有效的关键服务供给"与"可靠的交通和通讯"3 个主因子。

(1)"降低风险和脆弱性"因子认为对环境资产的保护可以使生态系统持续地为城市提供自然防护,如沿海湿地对潮汐的缓冲、上游林地对洪水的吸收等。基础设施的保护功能取决于科学的设计和施工,无论是家庭、办公室和其他日常所需的基础设施,还是特殊的防御设施(如防洪堤)均是如此。自然资源和人造资产可以协同,以提高应对恶劣条件的能力,避免造成伤害、损坏或损失。该因子包括 4 个绩效指标：综合的危害性和暴露性地图(健全的系统能够根据当前数据绘制城市灾害暴露性和脆弱性地图),适当的规范、标准和执行(建筑和基础设施法规和标准具有前瞻性,适用于当地情况,并得到执行),有效管理的保护性生态系统(充分理解和承认生态系统在为城市提供保护方面的作用)和强大的保护性基础设施(综合性、前瞻性和强大的保护性基础设施体系,减少居民和关键资产的脆弱性与暴露度)。

(2)"有效的关键服务供给"因子认为生态系统和基础设施都为城市居民提供重要服务,不但存在这样的生态系统和基础设施,而且其质量和性能还可以通过主动管理来维持。在压力时期,一些生态系统服务和基础设施服务成为城市运转的核心,维护系统的良好性能,以更好地适应异常需求,承受异常压力并继续运行。完善的管理可以增强对系统的全面了解,从而使基础设施管理人员随时做好恢复中断服务的准备。该因子包括 5 个绩效指标：有效的生态系统管理(通过建

立健全的机制，来维护和增强有益于城市居民的生态系统服务）、灵活的基础设施服务（各种功能强大的基础设施建设可为城市提供关键服务支持）、保留备用容量（通过对关键资源的充分利用和灵活使用，可最大限度地减少对关键基础设施的需求）、关键服务的高效维护和连续性（通过有效的应急计划，对重要的公用基础设施进行强有力的监测、维护和更新）、关键资产和服务的连续性（资源化、可再生性和灵活的连续性计划，使在紧急情况下重要资产的公共服务得以连续）。

（3）"可靠的交通和通讯"因子认为可靠的通信和可移动性，可在人员、位置和服务之间建立连接，为每天的工作和生活营造积极的环境，建立社会凝聚力，还支持紧急情况下迅速的大规模的疏散和及时沟通。信息和通信技术（ICT）网络以及应急预案有助于这一目标的实现。该因子包括 4 个绩效指标：多样化和价格合理的交通运输网络（多样化和综合性的交通网络，为城市提供便利和经济实惠的出行）、有效的运输管理和维护（有效管理城市交通网络，提供优质、安全的交通）、可靠的通信技术（所有人都能使用的有效和可靠的通信系统）和安全的技术网络（建立健全、有效的机制，保护城市所依赖的信息和技术系统）。

四、维度 Ⅳ：领导和策略

"领导和策略"维度以城市的"知识"主题为基础。一个有韧性的城市能从过去吸取教训，并能及时采取适当行动，意味着城市必须具有有效的领导和城市管理能力。城市还必须通过提供信息和教育来不断提升利益相关者的能力，以便个人和组织能够采取恰当的行动。同时，城市的规划和发展需要保持统一，即城市发展与部门战略、计划和个人发展保持一致。该维度包括"有效的领导和管理"、"授权的利益相关者"和"完整的发展规划"3 个主因子。

（1）"有效的领导和管理"因子认为，有效的领导和管理能促进城市民众的团结、彼此的信任以及民众对城市发展的共同理解。领导力是鼓励个人和社区在面对挑战时采取一致行动的关键要素。政府如果能依据可靠的证据作出决定，则可以促进城市蓬勃发展，并能应对冲击和压力。值得信赖的领导、利益相关者的协作、基于证据的政府决策以及推动减轻灾害风险活动有助于这一目标的实现。该因子包括 5 个绩效指标：恰当的政府决策（透明、包容与整合的政府决策和领导）、政府机构间的有效协调(中央、省、市等政府之间的沟通与协作)、利益相关者积极主动的协作(参与城市决策的所有行动者之间的包容性和建设性合作)、综合的危害监测与风险评价(有效监控潜在危险和评估风险)和政府的综合应急管理(城市领导有能力和灵活性来有效管理突发事件)。

(2)"授权的利益相关者"因子认为,"知道在突发事件中该怎么做"的个人和社区对城市来说是无价的资产。提供早期预警、获得教育、信息和知识的机会,是公民应有的权利,当面临冲击和压力时,还可为他们提供作出恰当决定的帮助。城市利益相关者也能够更好地行动、学习和适应。这一目标的实现以全民教育为基础,有助于人们获取最新的信息和知识。该因子包括3个绩效指标:普及教育(所有人可担负的优质教育)、广泛的社区意识和准备(开展包容性教育,以建立公众的风险意识)和有效的社区与政府互动机制(政府与市民之间能进行包容、透明的沟通和协商机制)。

(3)"完整的发展规划"因子认为,发展规划和土地使用法规是城市用来协调和控制城市发展并指导未来投资的工具。计划和条例的制定与实施确保各个项目和方案的协调一致,并充分处理不确定性。综合计划创建了一个规范化的框架,以便处理诸如气候变化、减轻灾害风险或应急响应等多学科问题。该因子的目标包括由跨部门小组定期审查和更新的发展愿景、综合发展战略和规划。该因子包括4个绩效指标:全面的城市监测和数据管理(定期监测和分析相关数据,为城市规划和战略提供信息)、协商规划过程(制定规划政策和战略的过程透明与包容)、恰当的土地利用和区划(综合和灵活的土地利用与分区规划,确保城市的适当发展)以及稳健的规划审批流程(透明、稳健的规划审批机制,与规划政策和战略保持一致)。

每个城市可根据自身特点,确定各指标的相对重要性及其实现方式,并通过定性和定量相结合的方法,评估城市的现状绩效水平和未来发展轨迹,进而确定相应的规划策略和行动计划以不断增强城市韧性。其中,定性评估中的指标赋值由评估员根据相关情景分析的平均水平确定(图3-2),定量评估则综合考虑城市韧性指数的目标值,根据归一化数据的平均值计算得到(图3-3)。最后,将评估结果划分为很差、较差、中等、良好和优秀五个等级,以便于横向和纵向的比较分析(蔡竹君,2018)。

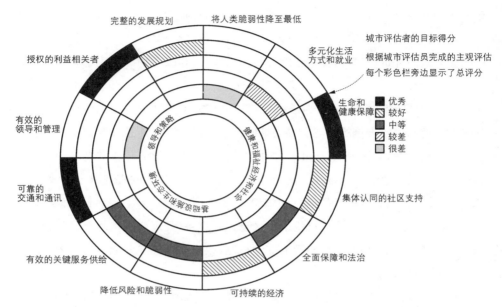

图 3 - 2   Arup -城市韧性框架定性评估示意图（据蔡竹君，2018），有修改

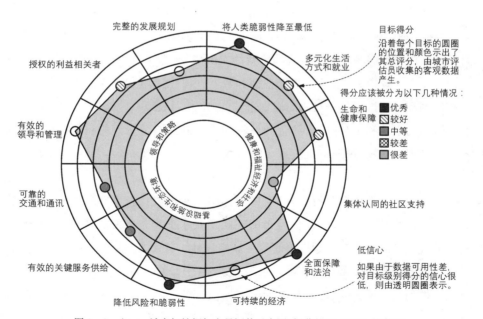

图 3 - 3   Arup -城市韧性框架定量评估示意图（据蔡竹君，2018），有修改

第二节 联合国防灾减灾署(UNDRR)城市韧性十要素

联合国防灾减灾署(United Nations Office for Disaster Risk Reduction,UNDRR,原联合国国际减灾战略,UNISDR)于 2010 年发起"让城市更具韧性"(The Making Cities Resilient,MCR)运动①,旨在促进全球城市的灾害韧性(抗灾能力)建设。MCR 运动的基本理念是:认识到地方政府(local governments)在实现"通过成功地将减灾和韧性建设纳入城市发展规划与进程以减轻灾害风险(DRR)"承诺的过程中发挥核心作用(Holly 和 John,2019)。该运动致力于通过地方政府 DRR 意识提升活动以及提供利用工具、技术援助、城市间相互学习机会来促进韧性建设,并倡导使用十点城市清单(10-point urban checklist,又称"让城市更具韧性的十大要点",the Ten Essentials for Making Cities Resilient,以下简称"城市韧性十要素")来指导政府进行韧性规划和决策(UNISDR 和 GFDRR,2012)。MCR 运动的首期建设时间为 2010—2020 年,截止 2020 年 4 月,参与的城市达 4 317 个②;参与者分为普通参与者和行动榜样两类,目前我国有河南宝丰、四川成都、河南洛阳、四川绵阳、海南三亚、陕西咸阳、青海西宁 7 个城市参与,其中四川成都不仅进行了地方政府的韧性自评,还被评为"灾后重建发展"的范例城市之一。第二期称为 MCR2030(Making Cities Resilient 2030),目前正在策划设计中③。

一、城市韧性十要素

"城市韧性十要素"最初发布于 2012 年,根据《2005—2015 年兵库行动框架

---

① 详见 https://www.unisdr.org/campaign/resilientcities/.
② 详见 https://www.unisdr.org/campaign/resilientcities/cities.
③ 详见 https://www.unisdr.org/campaign/resilientcities/home/article/making-cities-resilient - 2030 - mcr2030 - initial-proposal.

（HFA）》的五项优先事项而制定；2015 年，为了支持《2015—2030 仙台框架（Sendai Framework）》的实施，UNISDR 与 100 多个城市和专家们的合作，更新了"城市韧性十要素"（图 3 - 4，UNISDR，2017），使其有助于开展城市韧性的宣传活动。"城市韧性十要素"主要内容为①：

（1）灾害韧性组织动员。建立具有强大领导能力、协调能力和责任明确的组织结构，将减轻灾害风险作为整个城市发展愿景或战略、计划的关键因素。

（2）识别、理解和使用当前和未来的风险情景。维护和更新关于致灾因子危险性与承灾体脆弱性的最新数据，通过参与式过程（participatory processes）编制风险评估报告，并将其作为城市发展及实现长期目标的基础。

（3）加强防御风险的金融能力。通过了解和评估灾害的重大经济影响，制定金融计划，确立支持韧性活动的财政机制。

（4）追求韧性城市的发展和设计。在最新风险评估的基础上，开展以风险为导向的城市发展规划，特别关注弱势群体；应用并执行符合风险防范的、现实的建筑法规。

（5）保护自然缓冲区以增强自然生态系统的保护功能。识别、保护和监测城市内外的自然生态系统，提升它们在减轻风险中的作用。

（6）加强制度/体制的韧性。了解 DRR 主体或相关组织的制度或体制能力，包括政府组织、私营部门、学术界、专业组织和民间社会组织，有助于发现并缩小韧性建设各方面的差距。

（7）理解及强化御灾中的社会能力。通过社区和政府的倡议以及多种媒体的交流渠道，建立和加强社会联系，形成互助文化。

（8）提高基础设施韧性。制定保护策略，更新和维护关键基础设施，根据需要建设可以减轻风险的基础设施。

（9）确保有效的备灾和救灾。建立并定期更新备灾计划，与预警系统连接，提高应急和管理能力。一旦发生灾难，确保将受影响人口的需求放在重建的首位，支持他们和社区组织一起实施包括重建家园和生计等的应对措施。

①   详见 https://www.unisdr.org/campaign/resilientcities/toolkit/article/a-handbook-for-local-government-leaders-2017-edition.

（10）加速灾后恢复与更好的重建。制定与长期规划相一致的灾后恢复和重建战略，进一步改善城市环境。

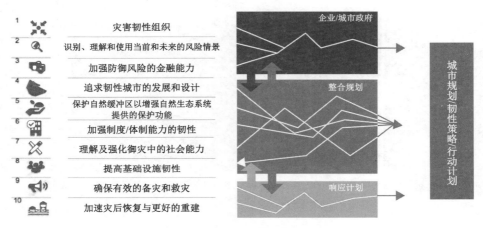

图 3-4　城市韧性十要素示意图（UNISDR，2017）

上述的要素中，1—3 是首先要完成的，其余的要素不需要按特定顺序完成。"城市韧性十要素"的应用使城市能够在每个要素框架下建立其当前灾害韧性水平的度量基准，确定投资和行动的优先事项，并跟踪其在逐步提高灾害韧性方面的进展。"城市韧性十要素"的目的就是要引导城市实现最佳的韧性，并避免自满情绪，提醒当局和利益相关者为了确保城市长期的韧性必须要做更多的工作。

对于如何实施"城市韧性十要素"，UNDRR 提出了包括五个步骤的"韧性建设周期"框架（图 3-5）。具体来说包括：（1）通过组织和准备来参与韧性；（2）了解风险和评估韧性；（3）制定行动计划；（4）筹措和执行"行动计划"；（5）监测和评估韧性行动计划。

此外，UNISDR 为实施"城市韧性十要素"提供了系列工具和资源（UNISDR，2017），如地方政府韧性自我评估工具（UNISDR 和 GFDRR，2012）、UNEP 当地社区对灾害的脆弱性评估工具、HAZUS 灾害风险评估与建模软件、DesInventar 灾害信息管理系统、海岸韧性制图网站（决策支持工具）、国际救援平台（IRP）等①。

---

① 详见 https://www.unisdr.org/campaign/resilientcities/toolkit/article/the-ten-essentials-for-making-cities-resilient.

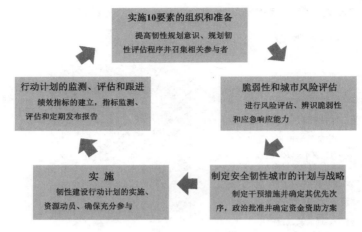

图 3-5 应用"城市韧性十要素"的韧性建设周期(UNISDR,2017)

二、城市灾害韧性记分卡

为了消除韧性建设参与者的理解差异并建立广泛共识，"让城市更具韧性"(The Making Cities Resilient，MCR)运动在实施"城市韧性十要素"过程中，提出理解灾害风险和评估韧性状态的城市灾害韧性记分卡(City Disaster Resilience Scorecard)方法(UNISDR，2017)。灾害韧性记分卡用于衡量"城市韧性十要素"相关因子的绩效水平，并对绩效状态进行定量和可视化的评估，以跟踪韧性建设的进展情况。随着《仙台框架》的实施，灾害韧性记分卡也进行了更新升级，以便能够根据城市的特征(人口规模、经济部门和灾害特征)来提供相应的风险信息。新一代的城市灾害韧性记分卡(The Disaster Resilience Scorecard for Cities)是原有积分卡和地方政府自我评估工具(Local Government Self-Assessment Tool，LG-SAT)的集成，包括初步评估(包含 47 项指标，评分介于 0—3 分)和详细评估(包含 117 个指标，评分介于 0—5 分)两个部分[1](Holly 和 John，2019)。记分卡

---

① 城市初步和详细评估所需数据以及抗灾记分卡信息的参考说明详见 https://www. unisdr. org/campaign/resilientcities/assets/toolkit/Ref％20note％20on％20required％20information＿Preliminary％20and％20Detailed％20Scorecard％20Assessmentuly2019. pdf 或 https：//www. unisdr. org/campaign/resilientcities/assets/toolkit/Ref％20note％20on％20required％20information＿Preliminary％20Scorecard％20Assessment_Jul19. pdf.

有两种格式：Excel 工具①（图 3 - 6）和 PDF，评估结果反映了地方政府在实现《仙台框架》目标以及可持续发展目标（使城市和人类住区具有包容性、安全性、韧性和可持续性）方面取得的进展，也是城市开展减轻灾害风险行动计划的基础。

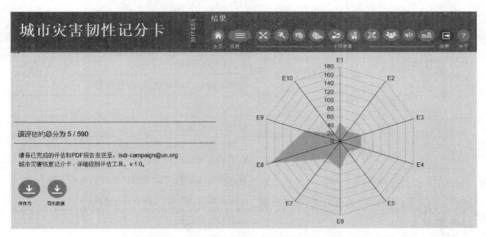

图 3 - 6　城市灾害韧性记分卡-详细评估 Excel 工具

（1）初级评估。设置了针对《仙台框架》关键目标的一级指标和二级问题，应用于 1—2 天的城市多个利益相关方研讨会上进行评估。总共有 47 个问题/指标②，每个 0—3 分；

（2）详细评估。此方法是一项多个利益相关方的活动，可能需要 1—4 个月，可以作为详细的城市韧性行动方案的基础。详细评估包含了 117 项指标标准（表 3 - 2）③，每个标准评分 0—5 分。详细评估中的标准可以作为初级研讨会的提示与参考。

---

① 详见 https：//www. unisdr. org/campaign/resilientcities/toolkit/article/disaster-resilience-scorecard-for-cities.

② 初级评估的具体指标、问题设置、测量尺度和注解说明，详见 https：//www. unisdr. org/campaign/resilientcities/assets/toolkit/Scorecard/UNDRR_Disaster％20resilience％20％20scorecard％20for％20cities_Preliminary_English. pdf.

③ 指标对应的问题设置、测量尺度和注解说明，详见 https：//www. unisdr. org/campaign/resilientcities/assets/toolkit/Scorecard/UNDRR_Disaster％20resilience％20scorecard％20for％20cities_Detailed_English. pdf 或 https：//www. unisdr. org/campaign/resilientcities/assets/toolkit/Scorecard/UNISDR_Disaster％20resilience％20scorecard％20for％20cities_Detailed_Chinese_July％2025. pdf.

表3-2   城市灾害韧性记分卡-详细评估的参考指标

10要素	一级指标	二级指标
灾害韧性组织动员	制定计划	计划制定中的风险考虑
		计划制定过程中的咨询协商
		战略计划复审
	组织、协调和参与	灾前计划和准备
		事件响应的协调
		城市资源与组织管理、协调和参与
		辨认实质资助
	整合	韧性及其他倡议的整合
	数据采集、发布和共享	在多大程度上与其他有关城市韧性的组织机构共享了城市韧性的相关信息
识别、理解和使用当前和未来的风险情景	致灾因子评估	对城市面临的致灾因子及其发生概率的了解
	暴露于致灾因子中及其后果的知识	暴露于致灾因子中及其后果的知识
		伤害与损失评估
	级联影响或相互依赖性	对重要资产及其相互关联的了解
	致灾因子地图	致灾因子地图
	灾害情景、风险、脆弱性和暴露信息的更新	更新流程
加强防御风险的金融能力	关于城市如何吸引新投资以减轻灾害风险的途径的认识了解	根据需要，了解所有可能的融资和资金储备方式；城市正按要求积极推行融资和储备资金（注：如果资金充足，则可忽略此项测评）
	包含该市财务计划的御灾预算，包括应急资金	关于韧性所需的一切行动的财务规划
		为长期工程和其他计划提供资金，用于处理要素2和8中确定的情景和关键资产
		启动资金能够满足所有御灾相关活动的开支
		灾后重建的应急性资金
	保险	对于国内房产的保险覆盖程度（个人保险和人寿保险不做评估）。
		非国内保险
	对企业、社区组织和公民的激励政策和融资计划	鼓励企业组织提高御灾能力，如灾害计划、避灾场所等
		鼓励非营利性组织提高御灾能力，如灾害计划、避灾场所等
		鼓励房产拥有者提高御灾能力，如灾害计划、避灾场所等

续　表

10要素	一级指标	二级指标
追求韧性城市的发展和设计	土地用途规划	潜在的需要移居人口
		受威胁的经济活动
		受影响的农业用地
	新型城市发展	提高韧性的城市设计解决方案
	建造规范及标准	专为应对要素2所提及的已识别的风险而制定的建造规范
		建造规范的更新
		具有可持续性的建筑设计标准
	分区建筑规范和标准的运用	土地用途规划的运用
		建造规范的运用
保护自然缓冲区以增强自然生态系统的保护功能	现有自然环境和生态系统的健康	对生态系统服务可能在城市韧性中发挥的作用的认识
		生态系统健康
	绿色和蓝色基础设施在城市政策和项目中的整合	土地使用和其他政策对生态系统服务的影响
		绿色和蓝色基础设施频繁涵盖于城市项目中
	跨界环境问题	确定关键环境资产
		跨界协议
加强制度/体制能力的韧性	技能和经验	御灾的技能和经验的可用性,如识别风险、减灾、规划、应对和灾后处理
		与私营部门/私人行业的联系
		保险业的参与度
		与民间社会的联系
	公共教育和意识	公众接受教育和进行意识提高的材料/信息
	数据采集、发布和共享	与其它城市机构共享城市御灾数据的程度
		与社会机构和公众共享城市韧性数据的程度
	提供培训	集中于风险和韧性训练的可行性和实践(专业训练)
		对相关培训进行更新的系统/进程
	语言	城市内所有语言群体接受教育和训练的机会
	向其他城市学习	努力学习其他城市和国家(公司)提高韧性的经验
理解及强化御灾中的社会能力	社区组织或民间组织	社区组织或民间组织在整个城市中的覆盖范围
		社区网络的有效性

10要素	一级指标	二级指标
理解及强化御灾中的社会能力	社区组织或民间组织	社区各团体在备灾和灾后响应的行动中有明晰的责任划分及协调机制，并有相关培训
	社会网络	社会连通性及社区凝聚力
		弱势群体的参与程度
	私营企业/雇主	企业与雇员交流御灾事宜的比例，以及给予雇员一定的假期参与有关御灾志愿工作的比例
		灾后企业业务连续性的规划
	市民参与御灾的方法	市民参与的频率
		运用手机或电子邮件来让居民在灾前和灾后获取和反馈最新信息
		验证相关教育培训的有效性
提高基础设施韧性	保护性设施	充足的保护设施（参考要素5，生态系统可以提供天然缓冲）
		对保护设施的有效维护
	水资源和用水卫生	在正常提供公共服务期间，因该服务的缺失或减少带来的可能损失或消极影响
		缺少卫生用水可能造成的影响
		恢复正常供应所需支出
	能源-电力	在正常提供公共服务期间，因该服务的缺失或减少带来的可能损失或消极影响
		因给别的特定资源所提供能源，而使公共服务造成的损失
		恢复正常供应所需支出
	能源-气体燃料	气体供应系统的安全性和完整性
		在正常提供公共服务期间，因该服务的缺失或减少带来的可能损失或消极影响
		因给别的特定资源所提供气体资源，而使公共服务造成的损失
		恢复正常公共服务所需支出
	交通运输	道路及存在风险的道路服务系统
		道路及剩余重要通路及疏散路线
		铁路（若适用）及存在损失风险的铁路系统服务

续　表

10 要素	一 级 指 标	二 级 指 标
提高基础设施韧性	交通运输	航空(若适用)
		河道/海路(若适用)
		其他公共交通(若适用)
		恢复服务的成本(所有交通运输路线)
	通讯	通讯损耗(存在服务损失风险)天数
		由于通讯故障导致的特定重要资产服务损耗天数
		复建耗资
	卫生保健	卫生保健及应急设施的结构性安全和抗灾能力(人员配备/首要响应方-见要素 9)
		健康记录与数据
		紧急医疗服务的可用性,包括急需的设备与紧急药物供应
	教育	教育设施的结构性安全
		教学时间损失
		教育数据
	监狱(注意法律和规章秩序,以及其他一级响应资产包含在要素 9 中)	监狱系统的韧性
	行政工作	保障所有重要行政功能的持续性
	计算机系统与数据	对政府开展工作有重要作用的计算机系统和数据的持续性保障
		对以上任何基础设施有重要作用的计算机系统和数据的持续性保障
确保有效的备灾和救灾	早期预警	早期预警系统的存在及效力
		预警范围
	灾害应对计划	将专业救援人员与社区组织有机结合的应急响应计划是否存在(灾后救援详见要素 10)
	人员/响应者需求	除履行最先反应的职责外,警察的突发救援能力
		确定第一反应人员和其他人员的需求及可出动性
	设备及救援物资需求	确定设备和物资的需求及设备的可用性
		根据需求预估可用设备的缺口-来源可多样
	食品、避难处、日常用品及能源供应	可继续为人口提供食物的能力
		可保证避难处或安全地点的能力

续　表

10 要素	一　级　指　标	二　级　指　标
确保有效的备灾和救灾	食品、避难处、日常用品及能源供应	满足可能存在的日常用品需求的能力
		保证燃料供给的能力在关键系统及程序方面的互通性
	互通性及跨机构工作	与邻城/国及其他级别政府就关键系统及流程的互通性
		紧急行动中心
		灾后重建合作
	演习	实践与演习及公众与专家共同参与
		演习及培训的效力
加速灾后恢复与更好的重建	灾后恢复规划-灾前	规划灾后恢复与经济复苏
		相关人员参与关于灾后重建与复苏计划讨论的程度
		跟进财务对即将到来援助的处理与基金支出的安排
	经验教训/学习循环	学习循环

　　城市灾害韧性记分卡的评估过程分为六个步骤，即（1）数据审查，审查的关键文件包括 DRR 的立法框架、现有的城市发展计划和用于解释 DRR 职责在城市结构中位置的市政机构图等；（2）快速风险评估（QRE）[①]，为城市利益相关者提供了解城市面临的危险、风险及灾害影响等信息；（3）记分卡情境化，根据记分卡指南建议，各执行机构将记分卡置于具体评估城市中，删除不适用于某些城市具体情况的评估标准（例如，内陆国家的城市可删除与港口有关的问题）；（4）记分卡的实施，通过多方利益相关者（学术机构、非政府组织、私营部门、社区团体和民间社会组织）、多部门讲习班面对面地开展记分卡的评估工作，时间至少持续 2 天，最长可达 8 个月；（5）结果验证，根据评估结果，利益相关者在研讨会上进行核实，以验证绩效和进一步促进 DRR 行动计划；（6）转化为行动计划，各城市采用了一系列方法和程序，将经核实的记分卡结果转化为行动计划。其中，讲习班（研讨会）是设计减灾行动计划最常用的方式。DRR 规划过程通常从记分卡结果验证开始，然

---

① 详见 https://www.unisdr.org/campaign/resilientcities/toolkit/article/quick-risk-estimation-qre.

后确定所有的差距/弱点(在某些情况下确定优势)。一些参与者将脆弱性的所有方面放在一个矩阵中,按主题对它们进行分组,将其浓缩并删除过于相似的主题。其后,确定解决漏洞的活动,并分配执行这些活动的责任。参与者根据各种因素确定活动的优先顺序,包括完成活动的成本、与活动完成相关的时间框架、活动与其他政治或发展政策、计划和议程的一致性以及相关或伴随的其他活动等。这构成了 DRR 计划草案的基础,经城市当局核实,并根据其意见最终确定并认可 DRR和韧性建设计划。具体执行时间可从 1 年至 10 年不等,如刚果民主共和国达卡北部、加德满都、乌兰巴托、德雷达瓦、坎帕拉等城市的执行期为 1 年,而伊斯马利亚、纳布卢斯的执行期是 10 年。

　　在讨论投资减灾和韧性建设的益处时,美国加利佛尼亚州旧金山市提出了"韧性车轮(The Resilience Wheel)"的概念(图 3-7),辨识并评估各类组织、政府、社区和个人在韧性建设目标、任务以及利益方面的交互关系,如贫困社区提供金融协助的代理机构和灾害应急准备管理者之间的关系(UNISDR 和 GFDRR,2012)。

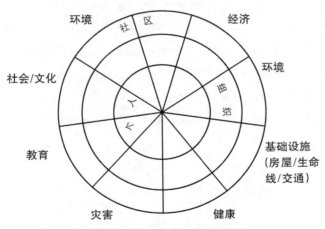

图 3-7　韧性车轮示意图(UNISDR 和 GFDRR,2012)

第三节　地震和特大城市计划(EMI)城市风险韧性测量指南

地震和特大城市计划(Earthquakes and Megacities Initiative,EMI)根据与地方政府(local authorities)开展的城市环境评估经验,编制了《城市风险韧性的测量指南:城市指标的原则、工具和实践》,系统阐述开发、定制和实施城市韧性测评指标系统的方法及参与过程,以支持城市专业人员(如地方、地区和国家政府机构官员,城市灾害风险管理者与DRR发展规划和政策改革者以及减轻风险、应急和恢复规划的从业人员)进行灾害风险管理(DRM)决策(Khazai等,2015)。该指南提出三种城市风险和韧性的指标体系,即城市灾害风险指数(Urban Disaster Risk Index,UDRi)、风险管理指数(Risk Management Index,RMI)和灾害韧性指数(Disaster Resilience Index,DRI)。这些指标应用于马尼萨莱斯(Manizales)、波哥大(Bogota)、伊斯坦布尔(Istanbul)、安曼(Amman)、孟买(Mumbai)、大马尼拉(Metro Manila)、帕西格(Pasig)、奎松市(Quezon City)、达卡(Dhaka)、拉利特普尔(Lalitpur,又称帕坦)、亚的斯亚贝巴(Addis Ababa)、阿尔及尔(Algiers)、达累斯萨拉姆(Dar es Salam)、麦德林(Medellin)、基多(Quito)和纳布卢斯(Nablus)等全球16个城市。

一、城市灾害风险指数

UDRi是Carreño基于Cardona的模型(Cardona等,2005)开发设计的(Carreño等,2007a),用于定量评估城市的灾害风险水平。该指数用于评估地震风险时,也被称为城市地震风险指数(Urban Seismic Risk Index,USRi)。UDRi综合表征建筑物和基础设施的直接物理损害(人口、建筑物、关键设施的损失)以及加剧损害的社会易损性或韧性缺失(风险驱动因素)。UDRi的计算公式为：

$$\mathrm{UDRi} = R_F(1 + F)。 \tag{3-1}$$

其中，

$$R_F = \sum_{i=1}^{p} w_{RFi} \times F_{RFi}, \tag{3-2}$$

$$F = \sum_{i=1}^{m} w_{FSi} \times F_{FSi} + \sum_{j=1}^{n} w_{FRj} \times F_{FRj}。 \tag{3-3}$$

在灾害风险领域，式(3-1)被称为 Moncho 方程，其中 UDRi 是城市灾害风险指数，R_F 是物理风险指数，F 是影响因子($1 + F$)的加重系数(aggravating coefficiet，取值介于 0—1)。式(3-2)中 F_{RFi} 是组成因子，由描述物理损害的指标加权计算，如死亡人数、受伤人数、作物受灾面积等；p 是物理风险指数的因子总数，w_{RFi} 是权重。式(3-3)中，F 由一系列社会-经济易损性指标 F_{FSi} 和暴露环境中的韧性缺失指标 F_{FRi} 加权计算。其中，w_{FSi} 和 w_{FRj} 是每个 i 和 j 因子的权重或影响，m 和 n 分别是社会易损性和韧性缺乏指标的总数。

对于不同单位的 F_{RFi}、F_{FSi} 和 F_{FRi}，使用转换函数进行标准化处理(图 3-8)。转换函数的横坐标是各类指标的原始数值，纵坐标是经过转换之后的数值，介于 0

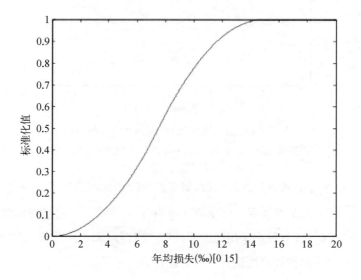

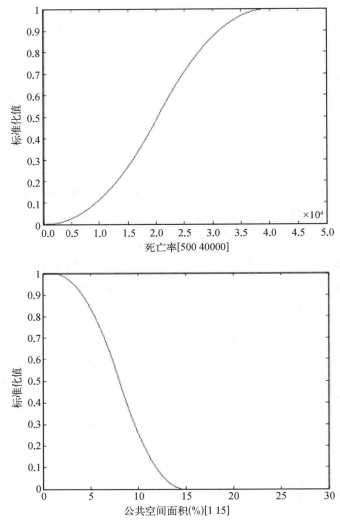

图 3 - 8　不同类型指标标准化的转换函数(Khazai 等,2015)

(图形从上至下依次为：物理风险、社会易损性和韧性缺乏)

至 1 之间。由于转换函数是隶属函数,对于高风险和加权系数 F 的水平,0 表示非隶属度,而 1 表示完全隶属度。极限值表示为 X_{MIN} 和 X_{MAX} ,通过专家意见和历史灾情信息来定义。各类权重采用德尔菲法(专家打分)和层次分析法(AHP)计算。物理风险、社会易损性和韧性缺失的代表性评估指标见表 3 - 3。

表 3 - 3　城市灾害风险指数的代表性指标(Khazai 等,2015)

指　　　数		指　　　标
城市灾害风险指数	物理风险	灾害年均损失(分部门)
		死亡人数
		受伤人数
		失业人数
		无家可归人数
	社会易损性	暴力致死率
		人口死亡率
		棚户区面积
		公共服务水平
		医疗保健水平
		人口密度
	韧性缺乏	经济发展水平
		紧急响应水平
		人类发展指数
		医疗服务半径
		应急避难场所

UDRi 的参与式建模过程包括 6 个步骤:识别关键的利益相关者、指标设计研讨会、指标选择与差距分析、初始指标开发和数据收集、与利益相关者的交互式指标研讨会以及 UDRi 行动计划的制定。奎松市 UDRi 评估结果见图 3 - 9。

二、风险管理指数

风险管理指数(Risk Management Index,RMI)用来评估风险管理的绩效及其有效性。RMI 需要建立一个成就等级量表(Davis,2003;Masure,2003),或者确定当前条件与参考国家客观阈值或条件之间的差距,通过量化 4 个公共政策指数(每个指数包含 6 个指标,表 3 - 4,Cardona 等,2005;Carreño 等,2007b)评估风险管理工作与预期目标或基准的差距。4 个公共政策指数分别为:风险识别指数 RMI_{RI}、减轻风险指数 RMI_{RR}、灾害管理指数 RMI_{DM} 和金融保护指数 RMI_{FP}。其

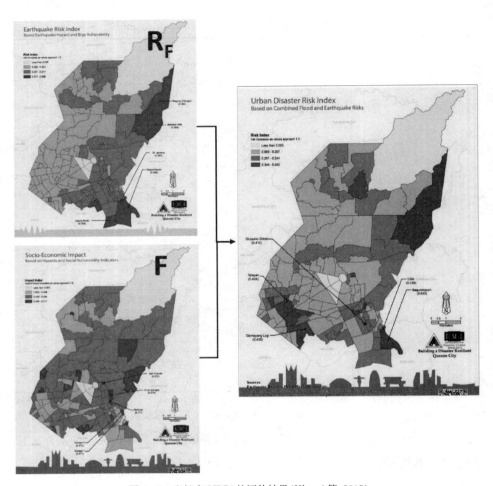

图 3 - 9   奎松市 UDRi 的评估结果(Khazai 等,2015)

中,RMI_{RI} 是对个体感知的度量,是对社会整体如何理解这些认知的衡量,也是对风险的客观评估;RMI_{RR} 考虑了存在的预防和缓解措施;RMI_{DM} 考虑了响应、恢复以及治理的措施;RMI_{FP} 衡量分析区域制度化和风险转移的程度。RMI 由 4 个公共政策指数加权计算求得,计算公式为:

$$RMI = \frac{(RMI_{RI} + RMI_{RR} + RMI_{DM} + RMI_{FP})}{4}。 \tag{3 - 4}$$

每个公共政策指数中的评估指标根据绩效水平划分为低(low)、初期

（incipient）、显著（significant）、出色（outstanding）和最佳（optimal）5 个等级，对应的得分为 1—5（Carreño 等，2007b）。

表 3-4　风险管理指数的测评指标（Cardona 等，2005）

指　　　　数		指　　　　标
灾害风险管理指数 RMI	风险识别指数 RMI_{RI}	灾害和损失记录 RI1
		灾害监测和预测 RI2
		灾害评估和风险地图 RI3
		脆弱性和风险评估 RI4
		公共信息和社区参与 RI5
		风险管理培训和教育 RI6
	减轻风险指数 RMI_{RR}	土地利用和城市规划中的风险考量 RR1
		水文流域干预和环境保护 RR2
		灾害控制和保护技术的实施 RR3
		灾害易发地房屋改善和人类住区迁移 RR4
		安全标准和建筑规范的更新和提升 RR5
		公共和私人资产的加固和改造 RR6
	灾害管理指数 RMI_{DM}	应急行动的组织与协调 DM1
		紧急响应计划和预警系统的实施 DM2
		设备、工具和基础设施的储备 DM3
		部门间响应的模拟、更新和测试 DM4
		社区准备和培训 DM5
		恢复重建规划 DM6
	金融保护指数 RMI_{FP}	机构间、多部门和分权组织 FP1
		强化基础设施的储备资金 FP2
		预算分配和调动 FP3
		资金响应和社会安全网的实施 FP4
		公共资产的保险覆盖和损失转移策略 FP5
		住房和私人保险、再保险的覆盖 FP6

各个公共政策指数的计算公式为：

$$RMI^t_{c(RI,\,RR,\,DM,\,FP)} = \frac{\sum\limits_{i=1}^{N} w_i I^t_{ic}}{\sum\limits_{i=1}^{N} w_i}\bigg|_{(RI,\,RR,\,DM,\,FP)}。\eqno(3-5)$$

其中，w_i 为赋予各指标的权重，对应于考虑地域统一性 c 和时间段 t 内的各指标，通过对语言值的去模糊化归一或计算。权重代表了每个公共策略定义的风险管理绩效水平，其语言值与模糊集相同，具有贝尔(bell)或 S 型(极值)类型的隶属函数(Cardona 等，2005)，公式如下：

$$bell(x；a，b，c) = \frac{1}{1+\left|\dfrac{x-c}{a}\right|^{2b}}；\qquad(3-6)$$

或者

$$sigmoidal(x；a，c) = \frac{1}{1+\exp[-a(x-c)]}。\qquad(3-7)$$

其中，参数 b 通常为正，a 控制着相交点处的斜率，隶属度为 0.5，且 $x=c$，隶属函数见图 3-10a(Carreño 等，2007b)。这些隶属函数的形状遵循一个 s 型曲线所描述的非线性行为，用来表征风险管理的绩效和有效性的水平或可行性。图 3-10b 表明，风险管理有效性的提高是非线性的，开始时进展缓慢，但一旦风险管理

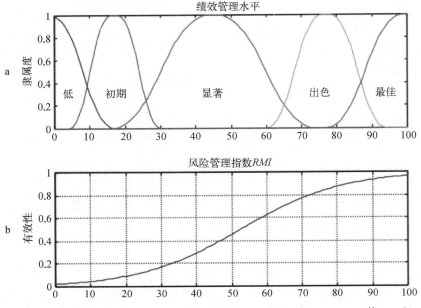

图 3-10　绩效管理水平量化的函数(a)和风险管理的有效性程度(b)(Carreño 等，2007b)

得到改善并变得可持续，绩效和有效性也会提高。一旦绩效达到高水平，额外的（较小的）努力将显著提高效力，但在较低水平，风险管理方面的改进是微不足道和不可持续的。

式(3-5)的指标权重采用德尔菲法（专家打分）和层次分析法（AHP）计算。一旦加权和聚合（weighted and aggregated），就会形成一个模糊集，从中得到结果。为了实现转换，对获得的隶属函数进行去模糊化处理，并从中提取其浓缩值或脆值（concentrated or crisp value）。所有分配的权重之和为1，用于给与所做限定相对应的模糊集的隶属函数赋高。

$$\sum_{j=1}^{N} w_j = 1。 \tag{3-8}$$

其中，N 为每个案例中介入的指标数量。每个公共政策（RMI_{IR}、RMI_{RR}、RMI_{DM} 和 RMI_{FP}）的限定条件是加权模糊集的并集，则：

$$\mu_{RMIP} = \max(w_i \times \mu_C(C_1)，K，w_N \times \mu_C(C_N))。 \tag{3-9}$$

其中，w_1 至 w_N 是指标的权重，$\mu_C(C_1)$ 至 $\mu_C(C_N)$ 是为每个指标所做的估计对应的隶属函数，μ_{RMI} 是每个公共策略 P 的 RMI 资格的隶属函数。风险管理指标值是使用面积重心法（COA）从该隶属度函数的去模糊化获得的，即：

$$RMI_P = [\max(w_i \times \mu_C(C_1)，K，w_N \times \mu_C(C_N))]。 \tag{3-10}$$

该方法包括估计每个集合的面积和质心，并通过将其中的乘积之和除以面积之和来获得集中值。即：

$$\bar{X} = \frac{\sum A_i \overline{x_i}}{\sum A_i}， \tag{3-11}$$

$$COA = \frac{\int_X \mu_A(x)x dx}{\int_X \mu_A(x)dx}。 \tag{3-12}$$

最后，四个公共政策指数的平均值确定了 RMI 的值（图3-11）。

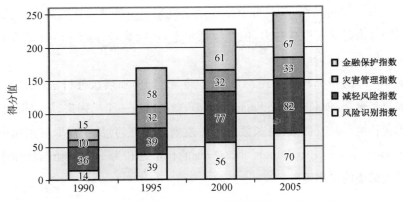

图 3 - 11   马尼萨莱斯市 RMI 的评估结果（Khazai 等，2015）

三、灾害韧性指数

灾害韧性指数（Disaster Resilience Index，DRI）是一种可定制的自我评估工具，能使城市利益相关者通过充分参与过程，评估城市职能和业务活动中韧性的关键维度（Khazai 等，2011；Khazai 和 Bendimeard，2011）。DRI 最初包括 5 个评估维度，分别为：法律和制度进程、意识和能力建设、关键服务和基础设施韧性、应急准备-响应和恢复计划以及发展规划、监管和风险减缓，由此提出 10 个相应的评估指标，分别为：立法框架的有效性、制度安排的有效性、培训和能力建设、宣传-公众教育和意识、服务韧性（避难所、健康和住房）、基础设施韧性（交通-供水-卫生）、应急管理-资源管理-后勤和应急预案、危险性-脆弱性和风险评估以及风险敏感型城市的发展与缓解。这些维度和指标与 EMI 的灾害风险管理总体规划（Disaster Risk Management Master Planning，DRMMP）模型直接相关（图 3 - 12）。

DRI 是一个自我评估工具，其排名或得分与五个预先定义的基准和目标实现水平相对应（表 3 - 5），即：（1）很少或没有意识，（2）需求意识，（3）参与和承诺，（4）政策参与和解决方案开发，（5）完全整合。DRI 的 5 个维度 10 个指标的测评结果可由靶心（bull's eye）饼状图表示（图 3 - 13），绿色为正区域，红色/橙色为负区域，黄色为正向和负向过渡区域。图 3 - 13 呈现了实现 DRI 关键领域与完全整合 DRR 目标的差距，越接近靶心（深绿色），DRI 绩效越好，越接近"完全整合"水平。

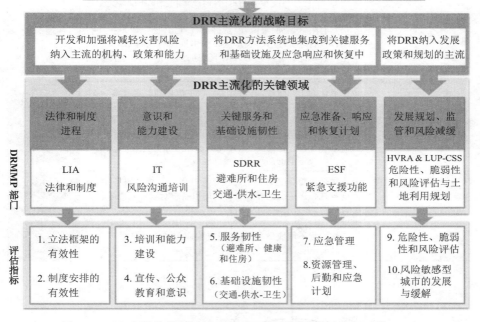

图 3-12　DRI 评估维度和指标与 DRMMP 部门战略的关系(Khazai 等,2015)

表 3-5　DRI 指标的预先定义标准设置(Khazai 等,2015)

等　级		描　述	颜　色
1	很少或没有意识	很少或没有意识和理解主流化,没有将减轻风险纳入机构职能和业务的体制政策或程序。在某些情况下,对于采取措施减轻风险存在不利的态度和制度文化。因此,预期任何减轻风险的倡议都将产生重大的阻力,从而在未来造成更大的脆弱性和损失。	
2	需求意识	意识的早期阶段,认识水平日益提高,政策制订者也支持减轻灾害。可能有一些活动和专门的准备工作,但仅限于响应。支持是有限的,并不一定贯穿组织的所有层面。在认为"一切照旧就足够"的各个层面上,预计会抵制变革。一般来说,没有既定的主流化政策、准则或制度,需要最高一级采取行动来建立这种政策和制度。从长期来看,这一水平预计不会降低风险,脆弱性还将增加。	

续　表

等　级		描　述	颜　色
3	参与和承诺	对 DRR 具有高度参与和承诺,但政策和制度还没有完全建立起来。可能对主流化进程和要求没有深入的了解,能力仍然有限,但总的来说,愿意进行投资,并已采取了一些行动,承诺作出改变,特别是从只作出反应转向将 DRR 纳入主流。可能会有一些阻力,但随着时间的推移,这些阻力会被克服。	
4	政策参与和解决方案开发	主流化的中间阶段,已经有了一项主流化的既定政策、一个全面的体制进程/系统以及使该系统可持续和不可逆转的可确定行动。一般来说,DRR 被愿意投资的决策者视为一种资产。参与规划和控制过程,以满足将减轻风险纳入其规划和开发过程的要求,并在核心服务中建立韧性。协调过程以及定期的演练和演习已经成为常态。	
5	完全整合	将减轻风险完全纳入规划和开发过程以及核心服务中,高度重视在多个级别和多个部门的可持续行动计划中减轻灾害风险,并且有全面的实践示范。尽管将减轻灾害风险制度化,但这并不意味着已经达到了最佳水平。主流化过程应被视为不限成员名额,各级机构应致力于达到第 5 级目标,同样也应致力于方法的不断改进。	

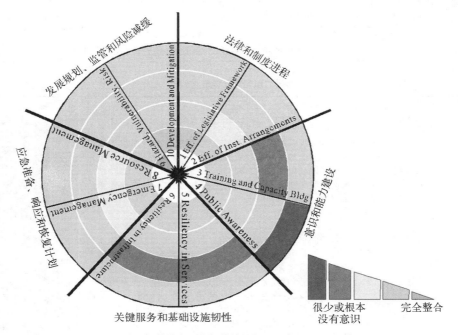

图 3 - 13　DRI 评估维度和指标绩效的靶心示意图(Khazai 等,2015)

DRI 的参与式建模过程包括：利益相关者识别、利益相关者磋商、初步指标开发、研讨会对 DRI 的验证和 DRI 的参与性评估。DRI 后期更新为韧性绩效记分卡（Resilience Performance Scorecard，RPS，Burton 等，2017），与 UDRi 组成灾害风险和韧性指数（Disaster Risk and Resilience Index，DRRI，Khazai 等，2018 b）。DRRI 由城市灾害风险指数（Urban Disaster Risk Indicators，UDRI）和韧性绩效记分卡（Resilience Performance Scorecard，RPS）两部分组成，前者基于定量数据（历史灾情数据、人口-社会-经济统计数据等）对城市灾害风险进行评估，后者基于定性数据（结构化的问卷调查）对城市风险管理（韧性）绩效进行评估。RPS 源于 Burton 等（2014）开发的风险和韧性记分卡（Risk and Resilience scorecard），是一种多层次、多尺度的自我评估工具，用于利益相关者基于定性的信息对风险和韧性参数进行定量评估。由全球地震模型（Global Earthquake Mode，GEM）、灾害管理和减轻风险技术中心（the Center for Disaster Management and Risk Reduction Technology，CEDIM）和南亚研究所（the South Asia Institute，SAI）协作开发完成，该工具包含了解决韧性关键领域的六个维度，即社会能力、意识和宣传、法律和体制、规划和管制、关键基础设施和服务、应急准备和反应，有助于将减轻灾害风险纳入城市规划和决策的主要过程。

风险和韧性记分卡最早被使用是在尼泊尔国家地震技术学会（the National Society for Earthquake Technology — Nepal，NSET）和尼泊尔第三大城市拉利特布尔次都会城市（the Lalitpur Sub- Metropolitan City，LSMC）组织的为期两天的研讨会上，用于评估政府官员和社区代表对韧性的感知差距。NSET 认为，该方法具有参与性强，能够有效地获得自我实现（self-realisation），评估过程简单，评估技术易于理解等优点。当评估结果表明市政当局可以提高韧性时，评估地区就能够有效采取行动。多级设计可以直接获取市政和基层的观点，决策者可以将社会脆弱性和应对能力纳入规划，并将 DRR 纳入城市发展的决策之中。之后，该方法被用于巴勒斯坦纳布卢斯（Nablus）地震灾害社会脆弱性评估（Cerchiello 等，2018），既检验了该方法的有效性，也同样反映出管理者和普通市民对于韧性评分的差异。

RPS 的 6 个评估维度（Burton 等，2017；Khazai 等，2018ab）分别是：法律和制度安排、社会能力、关键服务和基础设施韧性、应急响应-准备和恢复、规划-监管和减轻风险的主流化、意识和宣传，这些维度与《2005—2015 年兵库行动框架》

（HFA）、《2015—2030 年仙台减轻灾害风险框架》（SFDRR）和 UNISDR"让城市更具韧性"的 10 个基本要素中的关键优先事项相互对应（图 3-14）。

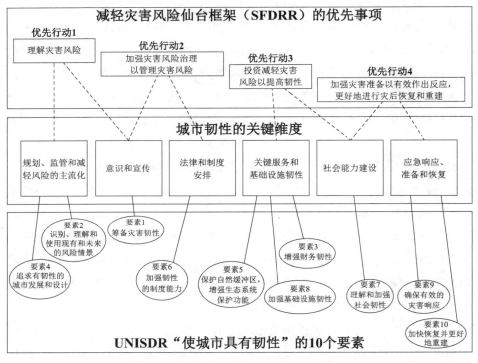

图 3-14　DRI 关键维度与仙台框架和 UNISDR 10 要素的联系（Khazai 等,2018a）

四、韧性绩效记分卡

如前所述,全球地震模型（Global Earthquake Model，GEM）基金会开发了韧性绩效记分卡（Resilience Performance Scorecard，RPS）方法,用于评估研究区域的韧性（Burton 等,2017）。RPS 是一个多层次、多尺度的自我评估工具,它使利益相关者能够利用创新的数据收集技术,基于定性信息评估地震风险和韧性特征。RPS 的最大特点在于其设计的指标（问题）和目标（解决方案）来自于利益相关方（包括政府官员、社区代表、管理专家等）的参与及合作,即一种自下而上的韧性评估方法,评估数据来源于利益相关方的真实感受而非统计数据。应用 RPS 有助于评估城市韧性关键维度的现状、当前差距和成就,确定韧性建设的主要领域和优先顺序,为更有效地进行分配资金、制定应急和灾难管理计划提供决策参考。

　　RPS 的具体目标是为社区领导人和城市官员提供一种方法,以便:(1)更好地了解和发现城市社区和机构层面的地震韧性的主要缺口;(2)促进社区领导、利益相关者和官员之间进行地震风险和韧性的讨论;(3)与紧急服务机构和其他机构合作实现减轻地震风险;(4)根据所发现的韧性管理战略建立或更新可能存在的漏洞,制定详细的风险和韧性评估程序;(5)建立监测和评估韧性、减轻地震风险的准则,并共同承担责任,减少破坏性地震事件的影响。RPS 围绕城市社区及其政府的职能和运行,评估社区韧性的 6 个关键维度,即意识和宣传,社会能力,法律和制度安排,规划、管制和减轻风险的主流化,应急准备、响应和恢复,关键服务和公共基础设施韧性,并相应地设计 32 个评估指标(表 3-6)。

表 3-6　RPS 的评估维度和评估指标(Burton 等,2017)

维　度	指　标	描　述
意识和宣传	地震风险意识和知识水平	知情民众可能要求制定风险减缓项目,并可能参与应急响应活动。
	关于地震安全、准备和减轻风险的信息	适当的沟通渠道和机制有助于传播有关风险识别、减轻和应急响应的信息。
	宣传灾害的安全知识、备灾和减轻风险的公众外联活动	有关地震风险的会议、演讲和活动使利益相关者能够传播降低脆弱性和应急响应的信息。此外,此类会议有助于提高防灾意识,并建立社区小组,为其地震安全工作。
	增加减轻地震风险的技术和专业资源的培训和能力建设方案	受过培训的人员将要求并领导在其社区内开展风险减缓活动。
社会能力	为弱势群体提供的医疗和社会援助计划	包括医生、疗养院和医院在内的医疗保健提供者是事后救济的重要来源。缺乏近距离的医疗服务将延长紧急救助和灾害的长期恢复。
	人与人之间的纽带和联系	具有紧密联系的社区更有可能创建组织和工作组来减轻风险并进行应急响应,或者彼此依赖以进行地震响应活动和恢复。
	考虑不同经济水平的社会融合	社区的社会经济地位决定了其承受损失和增强抵御灾害影响的能力。财富使社区能够更快地吸收与弥补由保险和社会安全网被破坏造成的损失。依靠社会服务生存的人在经济和社会上处于边缘地位,在灾后时期需要更多的支持。

维　度	指　标	描　述
社会能力	少数民族的社会融合	种族和民族因素造成了语言和文化障碍，影响了高危险地区灾后资金的获取和居住地的可进入性。
	电、煤气和清洁水的获取	缺乏下水道、水、天然气基础设施是产生脆弱性和被边缘化的原因。
	基础教育	教育与社会经济地位有关，受教育程度越高，一般收入越高。较低的教育水平限制了理解预警信息和获取恢复信息的能力。
	正式和非正式机构之间的互动	正式（政府）机构和非正式机构之间的强有力的相互作用可以促进减轻风险项目和包括公民参与在内的紧急反应计划的发展。
	决策参与	社区领导人参与决策的正式机制允许将社区需求纳入灾害风险管理方案。
	历史建筑和文化遗产的保护	保护文化价值和遗产是保持社区特性的一个关键方面。
法律和制度安排	地震安全和降低风险的法规、条例或激励措施	法规和条例等法律文书通常规定责任、义务、计划、概念、战略和优先事项，促进了公共机构、社区和私营部门在发展减轻风险项目和应急反应活动方面的协调。
	社区领导减轻灾害风险的作用和责任	社区领导人参与决策的正式机制允许将社区需要纳入灾害风险管理方案。
	防灾、安全和减轻风险的协调与合作机制	
	对中央和地方政府以及非政府机构面对破坏性地震的准备、应对和恢复的信心	对政府的信任有助于利用公共资源和社区参与制定风险管理方案。
规划、管制和减轻风险的主流化	抗震建筑规范	建筑法规及其实施，减少易倒塌建筑的数量。
	私人基础设施的加固和改造	对私人基础设施的改造，减轻了（住宅、商业）建筑的物理脆弱性，减少了事件发生时的潜在破坏和损失。
	地震保险的有效性和使用	使用地震风险保险，有利于为恢复和重建活动提供经济资源。
	为灾害风险管理计划或地震减灾项目提供资金的可行性	财政资源的可用性，促进了风险识别和减缓计划的发展。
应急准备、响应和恢复	居民储存货物以备灾时之需	储存货物的人将能够获得必要的资源，保证在紧急情况下的最低生活条件。这些人不会完全依赖社区、政府和公共机构的援助和支持。

续　表

维　度	指　标	描　述
应急准备、响应和恢复	实施和协调应急响应和管理的地方中心	拥有足够资源进行紧急协调的中心为危机期间的决策过程提供了便利，为不同行动者(公共、私营机构和社区)之间的沟通和互动提供了公共空间，并为参与紧急情况管理的人员提供了获取基本服务的途径。
	协调紧急救援和反应活动的标准操作程序	在紧急情况下，应急响应的规程和程序用于定义所需的参与者和资源及其角色与职责。
	应急准备、响应和恢复行动的资金	提供紧急反应资金有助于迅速向受影响人群提供援助，以及修复和重建被破坏的基础设施。
	应急准备、响应和恢复行动的人力资源	人力资源和设备的提供有助于在紧急情况下作出迅速和有效的反应。
	应急救援、响应和清理操作的设备	
	地震后应急行动响应计划	震后应急行动计划有助于确定迅速有效反应所需的责任和资源
关键服务和公共基础设施韧性	关键公共基础设施的评估、加固和改造	学校、医院等设施和生命线关键基础设施在正常情况下以及紧急情况下为社区提供重要服务。因此，减少此类建筑和基础设施的结构和非结构脆弱性，以保证其在地震期间和之后的运行和功能。
	改进结构以减轻地震带来的生命线风险	
	当地政府机构在破坏性地震后的业务连续性计划	业务连续性计划用于确保政府办公室在紧急情况和地震事件后的运作和功能。
	破坏性地震事件发生后，对重要生命线进行修复或更换的计划	执行恢复和重建生命线设施的计划，通过确定职责、功能目标和所需的财政资源，迅速恢复受影响的服务。

　　RPS 的实施过程分为若干步骤(Khazai 等,2018a)，如：(1) 韧性维度的设计；(2) 参与式方法的开发(图 3 - 15)，包括利益相关者识别、利益相关者磋商、初级指标开发、工作组对指标的评估和确认；(3) 自我评估。对于每一个指标，RPS 都制定了一套目标(应对方案)，以跟踪和了解城市社区抗震能力的差距及其与组织、功能和操作系统直接相关的进展。这些目标被分为 4 个等级(图 3 - 16)，分别为：几乎没有(很少或没有意识)、低(需求意识)、中等(参与和承诺)、高(完全整合)，对应于表 3 - 5 的 1、2、3 和 5 级。参与 RPS 的利益相关者包括两类人：(1) 政府官员/私营部门/非政府组织，水、电、气、通讯、公共工程和医疗服务供应商的代表，规划部门和其他相关部门的城市官员，位于案例研究区域的国家和国

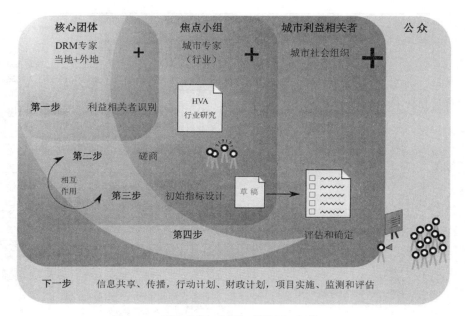

图 3 - 15   RPS 的参与范围和过程(Khazai 等,2018a)

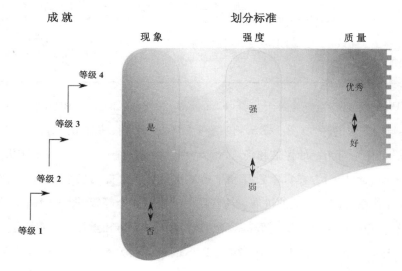

图 3 - 16   通用答案方案(Khazai 等,2018a)

际组织的代表;(2) 社区领袖、理事会成员、原住民群体成员、青年和老年人组织成员等。参与人数和结构根据研究区域实际情况调整与确定,也必须有女性代表参与。RPS 评估数据在社区的搜集过程需要召开利益相关者的磋商会,通过 PPT 形式向与会者呈现 RPS 的评估维度、指标含义及评分标准,其后通过问卷或接收器(含软件)获取参会代表的评估结果。GEM 在拉利特普尔的评估过程中采用了 PowerCom 公司开发的软件和数据接收器(图 3-17)。RPS 评估数据的分析包括维度/指标雷达图(Spider analysis)、统计分析(最大值、最小值、均值等)、多尺度/社区/利益相关者分析等方法。

图 3-17　RPS 数据获取与接收器(Burton 等,2017)

第四节　欧盟智能韧性测评体系(SINTEF)

《智能韧性：智能关键基础设施的智能韧性指标(SmartResilience：Smart Resilience Indicators for Smart Critical Infrastructures)》是欧盟"Horizon 2020 研究和创新计划"资助的研究项目[①]，该项目旨在建立一种创新的"整体/全局"方法来评估城市关键基础设施(能源网、交通、政府、供水等)的韧性。SmartResilience 项目关键合作伙伴与工作包负责人是 SINTEF[②]，负责开发基于指标的评估方法来检测和预测安全运行的关键基础设施的韧性。SmartResilience 的具体目标是：(1) 确定用于评估智能关键基础设施(Smart Critical Infrastructures, SCIs)韧性的现存指标；(2) 定义新的"智能"韧性指标(resilience indicators, RIs)，包括来自城市大数据的相关指标；(3) 开发先进的韧性评估方法和工具；(4) 在欧洲 8 个城市进行实证研究，测试和验证该方法与工具的有效性。

一、主要概念界定

1. 基本概念

SmartResilience 项目首先对韧性、韧性矩阵、韧性曲线、关键基础设施和指标等概念进行界定(SmartResilience，2016a，b)。基础设施韧性被定义为：预测潜在的威胁导致系统运行/功能中断的不利情景/事件(包括新的/正在出现的情景/事件)的能力，准备、抵抗/吸收不利事件影响的能力，从系统中断恢复到最佳状态的能力以及适应不断变化环境的能力。韧性矩阵方面，SmartResilience 整合并更

---

① 详见 SmartResilience：Smart Resilience Indicators for Smart Critical Infrastructures (2016) — The European Union's Horizon 2020 Research and Innovation Programme，Grant Agreement No 700621 (2016—2019). Coordinator：EU-VRi，www. smartresilience. eu-vri. eu.
② SINTEF 是欧洲最大的独立的、非盈利性研究机构之一，成立于 1950 年，前身是挪威理工学院，现在是挪威科技大学(NTNU)的一部分，参见 https://www. sintef. no/en/this-is-sintef/.

新了初期的 4×4 和 1×8 矩阵，形成了 5×5 韧性评估矩阵，即 5 个韧性维度和 5 个韧性阶段，用于评估关键基础设施各个维度和各个阶段的韧性水平（图 3-18）。通过韧性曲线来反映智能韧性过程的主要维度或阶段（图 3-19），具体包括理解

		韧　性　阶　段				
		1. 理解风险	2. 预测/准备	3. 吸收/抵抗	4. 反应/恢复	5. 适应/转换
韧性维度	系统/物理	一般	良好	一般	良好	优秀
	信息/智能	良好	一般	良好	良好	良好
	组织/业务	优秀	优秀	差	差	优秀
	社会/政治	差	良好	优秀	一般	优秀
	认知/决策	极差	优秀	一般	良好	一般

图 3-18　SmartResilience 项目的韧性矩阵示例（SmartResilience，2016b）

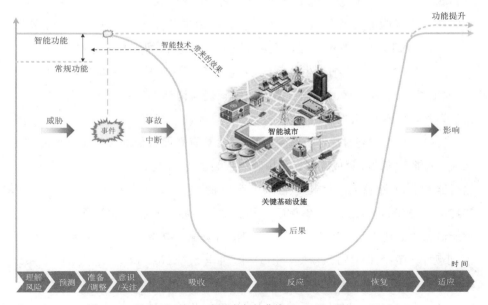

图 3-19　SmartResilience 项目的韧性曲线（SmartResilience，2016a）

风险、预测、准备/调整、意识/关注、吸收、反应、恢复和适应8个阶段（韧性矩阵将之整合为5个阶段，预测、准备/调整和意识/关注合并为预测/准备阶段，反应和恢复合并为反应/恢复阶段）。SmartResilience同时指出，SCIs可能会增加系统的智能功能，同时智能技术可能会增加基础设施系统的脆弱性。

SmartResilience涉及的关键基础设施包括供水、能源、运输、医疗、金融与银行和化工6个部门，没有考虑水坝和防洪、食品供应与配送、核部门、信息与通信技术、政府、公共安全、执法、空间领域、国防工业、关键制造业、社会保障等领域的基础设施。指标被定义为：可衡量的/可操作的变量，用于反映更广泛的现象或现实状况。

2. "智能"的概念和特征

SmartResilience在评估基础设施的智能韧性过程中，首先要回答的问题就是对智能是如何定义的，需要回答：（1）采用什么方式能使选定的关键基础设施变得智能，如何评估其智能水平？（2）在增强所选关键基础设施的智能性时，新技术的应用可能会带来哪些挑战？智能系统一般定义为：由基础智能技术如微、纳米，生物系统和其他组件支持的，具有高级功能的自给自足智能技术系统或子系统（EPoSS，2017）。智能系统能够感知、诊断、描述、鉴定和管理给定的情景，通过相互寻址、识别和协同工作等，进一步增强操作的效果。智能系统具有高度可靠性、小型化、联网性、可预测和能源自主供给等特征。基础智能技术包括集成系统、大/开放数据生成、微型纳米生物系统、半导体和超摩尔技术、微传感器和微执行器、人工智能、组合传感、多功能材料、能源管理与清洁、光电/有机/生物加工、机器认知和人机界面等。

通过文献综述和对比传统基础设施功能，具有智能特征的关键基础设施被定义为：能够高效地在集成互联网络中利用智能系统（如物联网、人工智能、传感器、执行器和智能计算）最大限度地提供服务的关键基础设施（SmartResilience，2017b）。与SmartResilience案例研究相关的智能技术包括人工智能、集成系统、智能信息通信技术（ICT，基于Web的智能计算解决方案）、大/开放数据生成技术、小型化-微纳米生物系统（MNBS）、微机电系统（MEMS）、微型光机电系统（MOEMS）和微流体、微传感器和微执行器、组合传感、机器认知与人机界面等。SmartResilience进一步提出了关键基础设施的智能成熟度模型（smart maturity model），通过设置的基准评级标准，评估不同基础设施的智能程度。参考欧盟"Horizon 2020 的智能成熟韧性（Smart Mature Resilience，SMR）"项目提出的五个阶段（Hernantes 等，2016），智能成熟度被分为：0 级（不存在）、1 级（被动）、2 级（知情）、3 级（托管）、4 级（自动/预测）等五个等级，相应地表现在整合互连、智能性、自主性等方面的特征差异。

3. "威胁"的类型

智能关键基础设施面临的主要威胁分为恐怖袭击、网络攻击、极端天气、影响 SCIs 的特定事件 4 大类。不同案例中 SCIs 面临的威胁见表 3-7。

表 3-7　智能关键基础设施可能面临的威胁

案例- SCI	恐怖袭击	网络攻击	极端天气	与 SCI 相关的特定事件
ALPHA -金融系统（金融服务公司）	×	√	×	×
BRAVO -能源供应（市政服务提供商）	√	√	√	×
CHARLIE -医疗保健（城市医疗保健）	√	√	√	大规模伤亡事件
DELTA -运输（国际机场）	×	×	√	交通阻塞、流量超容
ECHO -工业生产设备（炼油厂）	×	×	×	爆炸
FOXTROT - 供水（本地及区域供水）	√	√	√	水传播疾病的爆发
GOLF -城市防洪（城市供水）	×	×	√	×
HOTEL -城市环境（地下储煤）	×	×	√	火灾

4. SCIs 的相互关系

SmartResilience 进一步分析了 SCIs 的相互依存和级联效应（cascading effects），认为智能关键基础设施之间不是独立运行的，而是高度相互联系的（SmartResilience，2018a）。例如，电信系统需要能源供应才能运行，而能源系统也需要有效运行的电信基础设施作为支撑。显然，不利事件对于一个 SCI 的冲击可能会导致各种规模的级联故障和连锁反应（cascading failures and ripple effects），从而影响更大的基础设施系统。具体而言，SCIs 相互联系的类型包括物理的、网络的、地理的、逻辑的、功能的、政策的、共享的和经济的。图 3 - 20 绘制了 22 种不同基础设施的依赖和相互依赖关系。

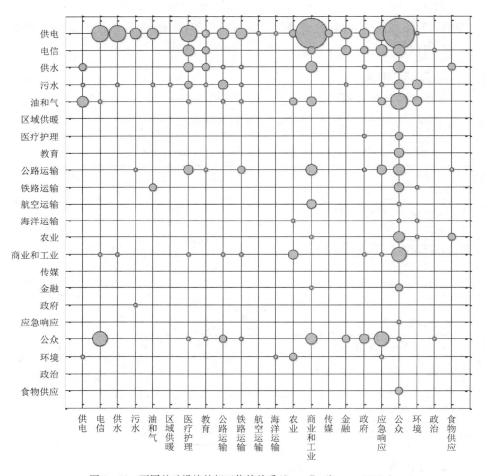

图 3 - 20　不同基础设施的相互依赖关系(SmartResilience，2018a)

二、测评框架与步骤

SmartResilienc 设计并开发了"关键基础设施韧性评估方法（Critical Infrastructure Resilience Assessment Method，CIRAM）"，为 SCIs 的智能韧性评估

搭建了基本框架(SmartResilience，2017c)。CIRAM 是一个 6 层次多维度的测评结构体系(图 3 - 21)，最基础的 3 个层次是阶段、问题和指标，其中问题和指标是根据系统/物理、信息/数据、组织/业务、社会/政治、认知/决策 5 个维度来设置的。基础层次之上的 3 个层次分别为威胁、关键基础设施和整体韧性，其中，第 1 层次涉及区域层面，如城市或智能城市，其"智能"程度不同。

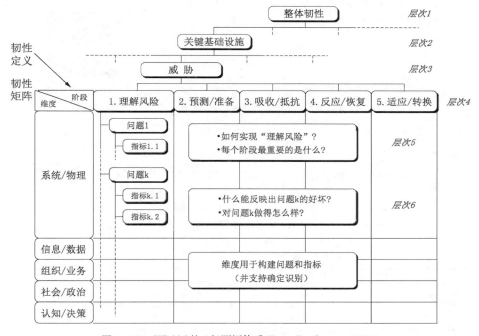

图 3 - 21　CIRAM 的 6 级测评体系(SmartResilience，2017c)

CIRAM 的实施过程包括 4 个阶段 10 个步骤(图 3 - 22)，具体过程为：

(1) 定义情景，包括第 1 至 3 步，主要是确定评估的范围、关键基础设施及威胁。第 1 步选择的区域可以是城市或城市的某个区域，也可以是地区和国家，不同的区域对应的 SCIs 类型不同。第 2 步选择评估区域的相关关键基础设施(也称为部门/行业和子部门/子行业)，代表性的部门和子部门(产品或服务)类别见表 3 - 8;第 3 步选择每个 SCI 评估中的潜在威胁，常见的典型威胁见表 3 - 9。对于威胁产生的级联效应需要通过沙盘推演(table-top exercise)加以确定(SmartResilience，2018a)。

步骤	方法步骤描述	模型层次
阶段1：定义情景（范围）		
步骤1	选择区域，例如某个智慧城市	层次1
步骤2	为区域选择相关的智能关键基础设施	层次2
步骤3	为每个智能关键基础设施选择相关的威胁	层次3
阶段2：定义分析框架		
步骤4	考虑韧性矩阵中每个阶段的每个威胁	层次4
步骤5	定义每个阶段或每个维度的问题	层次5
步骤6	为每个问题确定适当的指标	层次6
阶段3：执行分析（计算）		
步骤7	确定每个指标的取值范围（最佳值和最差值）	6
步骤8	为指标赋值（所有层次均可加权重）	1-6
步骤9	进行计算（计算分值和韧性水平）	1-6
阶段4：使用结果并做出决定		
步骤10	提供现状、趋势、优势和劣势、改进需求、基准测试等	1-6

图3-22　CIRAM的实施过程和步骤（SmartResilience，2017c）

表3-8 关键基础设施部门和子部门（SmartResilience，2017c）

部门	子部门（产品或服务）
I. 能源	1. 燃料（如石油和天然气）的生产、精炼、处理和储存，包括管道 2. 发电、供热、工业蒸汽或冷却 3. 电力、天然气、石油和其他能源的运输 4. 电力、天然气、石油和其他能源的分配
II. 信息通信技术（ICT）	5. 信息系统和网络保护 6. 仪表自动化和控制系统 7. 互联网 8. 提供固定通信 9. 提供移动通信 10. 无线电通信和导航 11. 卫星通信 12. 广播
III. 供水	13. 提供饮用水 14. 水质控制 15. 水量堵塞与控制
IV. 食物	16. 提供食品和保障食品安全

续　表

部　　门	子部门(产品或服务)
V. 健康	17. 医疗和医院护理 18. 药物、血清、疫苗和药物 19. 生物实验室和生物制剂
VI. 金融	20. 支付服务/支付结构(私人) 21. 政府财政拨款
VII. 公共和法律秩序与安全	22. 维护公共和法律秩序、安全与保障 23. 司法和拘留管理
VIII. 民政	24. 政府职能 25. 武装部队 26. 民政服务 27. 紧急服务 28. 邮政和快递服务
IX. 运输	29. 公路运输 30. 铁路运输 31. 航空交通 32. 内河运输 33. 海洋和近海运输
X. 化学和核工业	34. 化学和核物质的生产和储存/加工 35. 危险品(化学物质)管道
XI. 空间和研究	36. 空间 37. 研究

表 3-9　关键基础设施可能面临的威胁(SmartResilience, 2017 c)

威　胁　类　型	具　体　威　胁
恐怖袭击	一般、炸弹袭击、其他
网络攻击	一般、拒绝服务、其他
自然威胁(包括极端天气)	一般、城市洪水、其他
与新科技有关的威胁	——
其他	关键供应中断、其他

（2）定义分析框架，包括第 4 至 6 步。针对每种威胁情景考虑各个阶段，并针对各个阶段（或每个维度）确定问题和指标。第 4 步确定每个威胁存在的阶段，有的威胁是跨阶段存在的；第 5 步定义每个阶段的问题，这些问题围绕每个阶段 SCIs 抵御威胁的诸多方面，可从 SmartResilience 集成工具中的动态检查列表、SmartResilience 数据库、SmartResilience 提供的备选问题、推断用户需求和维度描述等渠道获取或确定；第

6步寻找合适的指标来衡量定义的问题，指标是问题的定性或定量表征，可采用是/否、数字和分值等多种形式。指标的选择要注意评估目的和用户需求。一般原则为：可衡量、对变化敏感、可获得足够数据量、可控、独立有效、总体覆盖面广、易于理解、简单明确以及尽量使用现有可用数据等。常见的指标来源有：SmartResilience集成工具中的动态检查列表、数据库和备选问题，研讨会咨询（如通过搜集"什么能反映出在X问题上做得很好？"答案来提炼）以及现有统计或可用指标。

　　（3）执行分析（计算），包括第7至9步。在确定所有问题和相应的指标后，确定每个指标的取值范围，必要时可以提供权重，执行计算已获得CIRAM模型中6个层次的韧性分值和韧性级别。第7步确定指标取值范围时，SmartResilience建议使用五分制，即为每个指标确定5个等级的取值范围，与分值、韧性级别相对应（图3-23）。赋值方法为：从对第6层次的单个指标赋值，一直加权汇总到第1层次，分值介于0—5之间，其中0为最差，5为最好。每个层次（指标、问题、阶段、威胁、关键基础设施、城市）的得分值按照0—1、1—2、2—3、3—4、4—5分别标识为E、D、C、B、A级，对应的韧性水平为优秀、良好、平均、差和极差。第8步确定指标取值，取值可采用专家打分或从监测、统计数据中获取，也可来源于大数据分析。第9步计算各层次的韧性分值和水平，计算过程如图3-24。

指标值、分值和韧性水平					
指标值					
指标取值范围的标注	LL	L	M	H	HH
指标的取值范围	LL_L-LL_U	L_L-L_U	M_L-M_U	H_L-H_U	HH_L-HH_U
分值					
分值标注	极差	差	一般	良好	优秀
分值范围	0-1	1-2	2-3	3-4	4-5
分值（默认）	0.5	1.5	2.5	3.5	4.5
是/否题分值（默认）	否=0				是=5
韧性水平					
韧性水平标注	E	D	C	B	A

图3-23　确定指标取值的参考方案（SmartResilience，2017c）

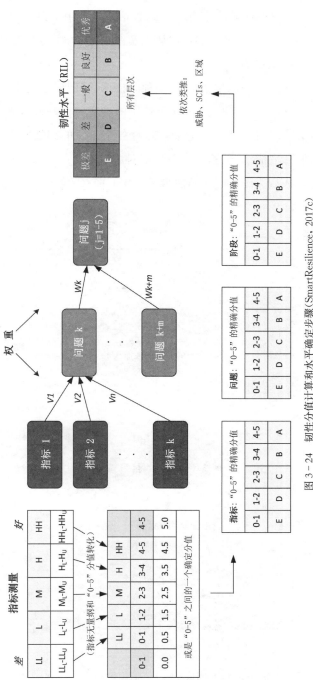

图 3 - 24 韧性分值计算和水平确定步骤（SmartResilience，2017c）

（4）利用结果并作出决定，包括第 10 步，评估结果可用于跟踪 SCIs 的韧性状态和发展趋势，分析韧性水平的优势和劣势以及改进需求，作为参考基准，与其他方法的测评结果进行比较等。

总体来说，SmartResilience 采用的是一种间接评估，即通过对指标的测量，间接评估韧性水平。如图 3 - 25 所示，相比于传统的确定关键基础设施功能损失函数（黄色虚线），CIRAM 更多地是测量韧性过程各个阶段的韧性水平（包含维度、问题、指标等），即不是"曲线"估算而是"柱状"评估（SmartResilience，2019a）。智能韧性评估结果也表现为随时间的韧性水平变化的曲线，也可将不同阶段或维度

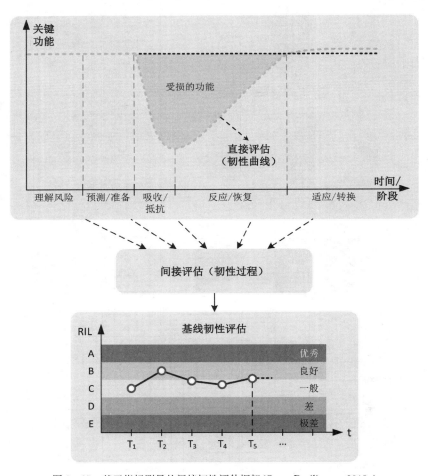

图 3 - 25　基于指标测量的间接韧性评估框架（SmartResilience，2019a）

的韧性水平进行时间序列分析。此外,SmartResilience 集成开发了韧性工具(SCI仪表板工具)[①],可向注册用户提供使用权限。

三、智能韧性测评指标

SmartResilience 采用基于指标的韧性评估方法测评智能关键基础设施(SCIs)的智能韧性。该项目最初从学术文献、研究项目、国际组织等渠道收集了 450 多个候选指标(SmartResilience,2016b),包括卫生、通信和信息技术、供水、电力、交通、住房基础设施、零售等部门,这些指标被分配到 5×5 韧性矩阵的测评内容中。它们多数针对韧性过程的前期阶段(理解风险、预测、准备),而吸收/抵抗、反应/应对和恢复阶段的评估指标较少,尤其是缺乏对前一个危机事件(前一个韧性周期)适应/转换能力的评估指标。同时,候选指标主要涉及社会/政治、系统/物理、组织/业务维度,其次是信息/智能领域,而缺乏认知/决策维度的评估指标。其后,项目组拓展了合作伙伴,不断增加和修改建议的候选问题与指标,如 D1.4 报告提出的 711 个指标和问题(其中 91 个问题和 620 指标指标,SmartResilience,2017a),D 3.2 报告提出的 143 个一般候选问题(SmartResilience,2017c),以及 D 4.1 报告提出的 233 候选问题和 1 264 个候选指标(SmartResilience,2017d),其中适用于所有 SCI 的 60 个候选问题和 205 个指标见表 3-10。截止 2019 年 4 月,SmartResilience 项目中获批 2 723 个韧性指标(候选 3 039 个)、799 个问题(候选 843 个)和 55 个要素(候选 62 个,要素是 D 4.6 报告中新加入的统计指标,D 4.1 报告未作统计),详见 D 4.6 报告的附件 1(SmartResilience,2019b)。

表 3-10　适用于所有 SCI 的候选问题和指标(SmartResilience,2017d)

问　题	指　　　标
领导与管理	是否定义韧性政策(状态)、是否记录和应用韧性政策声明、是否明确规定了与韧性相关的责任、韧性管理培训是否到位、是否组建韧性委员会或同等机构。
培训	是否建立一般和特定的韧性培训程序、与韧性相关培训模块的内容、是否有验证培训效果(韧性理解)的方法、相关人员的培训频率、操作人员韧性相关培训的平均工作量、是否有系统方法来确定韧性培训需求(现状如何)、韧性培训计划的特点。

---

① 详见 https://resiliencetool.eu-vri.eu/.

续　表

问　题	指　标
应急响应	是否有应急预案、应急预案的内容（至少包含 8 个要点）、紧急控制中心是否成立和运营（特征）、是否指派应急救援联系人、定期演习/应急准备演习的频率、是否任命应急管理经理。
事故调查	事故调查程序（内容）、调查小组资质、信息搜集是否符合标准事故调查表格形式、是否遵循事件调查程序、应用事件调查程序的百分比、事故调查小组（人员）是否恰当、事故调查组的成员、与相关地点是否有关于事故的沟通交流、与相关地点沟通的频率、是否有程序记录不足事件。
承包商	是否有承包商选择程序、承包商选择程序内容、承包商是否提供规范合同、承包商绩效评估百分比。
操作规程	是否有或分发韧性相关的书面操作程序、韧性相关的书面操作程序的内容、是否定期审查与韧性相关的操作程序、定期审查与韧性相关的标准操作程序的频率、是否对与韧性相关操作程序的符合性进行公正评估、对操作程序的符合性进行公正评估的频率、是否对操作人员进行了模拟器培训、操作人员每月接受模拟器培训的总时数、是否记录由培训不足引起的错误、是否对员工进行应急预案培训、员工接受应急预案培训的比例、员工是否接受与韧性相关的培训、接受与韧性相关的培训员工的比例。
审查	是否对韧性管理系统进行外部评审、外部韧性审查的数量、清查审查结果的平均时间、清查审查结果的平均时间是否被记录。
组织环境	是否考虑韧性政策/策略的外部环境因素、考虑的外部因素列表、是否考虑韧性政策/策略的内部环境因素、考虑的内部因素列表。
业务连续性	是否有业务连续性经理（BCM）、BCM 是否培训和认证、是否有业务连续性计划、员工是否收到预警和通知、是否有 BCM 最新联系人的登记册、登记册的内容、是否有业务连续性培训和练习、是否有业务连续性程序、业务连续性计划的内容、确定培训计划时是否考虑人员业务连续性管理能力、是否有维护活动计划、是否进行 BCM 能力提升培训。
冗余措施	是否有替代性场所（工厂）、替代性场所的功能百分比、是否有备用电源、备用电力备份的平均容量（百分比）。
通讯	通信系统是否有备用和备份、是否有沟通的层级程序、IT 系统的备用和备份是否就位。
减缓措施	供水系统是否有备用和备份、是否有设备翻新措施、是否进行/计划进行基础设施升级、关键产品/服务的可用性、是否与外部实体达成恢复运营协议、恢复的程序/设备是否到位、恢复资源供应的优先计划是否到位、恢复时间是否被记录。
新功能	威胁缓解措施、是否在应急计划、业务连续性计划和事件管理计划中增加处理未来事件的新程序、是否定期评估合约雇主的工作表现。
ICT 及系统的稳健性	公司是否认识到 ICT 安全问题、是否雇佣足够的 ICT 专家、公司是否使用安全互联网连接、公司是否使用 ICT 安全组件、是否建立了 ICT 维护和更新理念、是否有数据存储和备份系统。

续　表

问　题	指　标
网格管理的稳健性和灵活性	是否根据特定硬件组件的重要性来确定保护的优先级。
操作、维护人员和工具的可用性	电源备份(UPS)是否可用、是否有 UPS 系统维护的概念/间隔。
IEMI 抗扰的技术方面	关键电子产品是否按照全球标准测试(还是仅按照当地标准测试)、必要的设备是否经过了 HPEM 抗扰度测试、通信技术相对于 IEMI 的稳健度、数据中心是否有屏蔽和过滤保护。
影响 IEMI 抗扰的结构方面	外部人员是否可以方便地访问数据/电源线、数据中心是否受到位置选择(距离)的保护、相关房间和设施是否通过访问限制得到保护、员工是否通过培训了解 IEMI 情况、针对高于平均水平的硬件/软件故障的恢复计划。
专家外部咨询	IEMI 专家是否对整个设施进行了评估。
计划中使用 RSA	RSA 是否在各个关键小组的相关部分中为人所知、有多少部门参与了 RSA 的开发。
评估系统安全状况	对所有的 IT 系统(SCADA)是否已经按照生产中可能出现的最坏情况进行分类、是否有对 SCADA 的安全持续审查、是否有包含所有系统依赖项的 SCADA 与其他网络之间的连接更新图、是否有所有系统依赖性都包含在办公网络之间以及与"外部"合作伙伴(例如供应商)之间的关系的更新地图、最近五年是否进行过 SCADA 系统安全审查、最近五年是否进行过组织与管理系统安全审查、最近五年是否进行过顾问和外部合作伙伴安全审查、是否有关于信息安全的指导性文件、近三年是否对 SCADA 系统中的要求进行更新、是否对 SCADA 系统与业务相关的(特定的)需求进行充分的记录。
确保 IT 安全合作	组织内是否有 IT 专家和其他职能部门就信息安全进行合作的论坛、是否以提高组织内部安全意识为目标,在过去三年中进行了包括与过程相关的 SCADA 系统中与 IT 相关的干扰在内的任何实际练习。
评估组织状态	企业里的每个人是否都清楚安全工作的目的,如遵守规章制度、满足内部需求、保护物理装置、满足客户和合作伙伴的需求、不辜负市民的期望、尽量减少对关键人员的需求、管理层是否明确关注 SCADA 安全工作、是否有为 SCADA 安全系统和战略工作分配足够的资源、是否所有系统(包括显式 SCADA 系统)都具有指定的流程管理员。
法规意识	是否所有人员(包括企业家)都接受持续的信息安全和相关规则的相关培训、是否每个人都接受过关于什么是敏感信息以及如何管理这些信息的培训、是否已确保顾问和其他合作伙伴充分了解信息安全法规以及安全信息管理所需的其他内容、是否已明确表明如果内部或外部有人违反信息安全法规将会受到制裁、是否持续控制安全相关说明得到真正遵守、近三年是否控制供应商/企业家遵守 IT 安全方面的承诺。
防范恶意软件	是否有保护 SCADA 系统不受通过移动媒体设备意外导入破坏性代码影响的惯例。
形成保护区和隔离区	是否有例行程序来保护供应商将他们(未经您检查)的设备耦合到 SCADA 系统、是否将 SCADA 系统与其他数据网络分开、如果可以远程访问系统,是否总是使用加密通信和强大授权进行。

续　表

问　题	指　标
分配资源以提高准备度	是否有足够的资源分配给与 SCADA 安全相关的系统性和战略性工作，如为提高信息安全措施分配资源、为围绕信息安全的培训、信息和通信分配资源。
减少恶意软件的影响	是否已采取措施减少 SCADA 系统网络设备中意外导入的代码或错误功能的影响。
不必要的连接	是否监控 SCADA 系统的网络状态，以便快速检测到不需要的设备耦合或错误行为、是否有物理保护来保护可能授权或以其他方式影响监控与数据采集系统可用性的设备连接。
SCADA 维护	是否有何时以及如何拆卸 SCADA 系统以进行系统维护和升级的例行说明、是否持续控制执行备份的重置以及配置数据在实践中的有效性。
连续供电	是否对 SCADA 系统及其网络的关键部分拥有持续的电源进行供电。
连续性计划	是否有连续的计划明确谁该做什么来减轻 SCADA 系统的干扰所带来的影响，例如人员是否接受过使用连续性计划管理因 IT 事件引起干扰的培训、过去三年的连续性计划是否修改、是否有与业务相关的连续性目标，例如计算机故障时需要的最长修复时间。
采购能力	是否具备所需及相关的采购能力。
记录 IT 事件	是否所有事件包括谁在 SCADA 中做什么都被记录、是否企业网络内的所有数据流量都被记录、是否记录了不同 IT 系统中的所有授权。
分配足够的恢复资源	是否有足够的资源分配指南或指示、是否为事件管理分配了足够的资源。
更新系统知识	否有与生产/类型/产品/版本硬件一起的 SCADA 系统注册和更新、是否有已安装软件（包括固件）版本的 SCADA 系统注册和更新。
管理 IT 事故的例行	是否对所有事件进行报告和调查、所报告的事故是否用于持续改进工作。
SCADA 跟进并加强	是否分配了足够的资源来跟踪安全准则合规性和其他安全工作、是否监控并分析了可能对监控与数据采集系统造成的新威胁。
组织环境	在定义 BCMS 时组织是否考虑以下问题，如（1）阐明其目标，包括与业务连续性有关的目标；（2）定义造成不确定性导致风险的外部和内部因素；（3）考虑风险偏好来制定风险标准以及（4）定义 BCMS 的目的。
BCMS 的领导力和承诺	是否有针对 BCMS 的组织政策、是否将 BCMS 需求集成到其他业务流程中、组织是否有 BC 经理。
BCMS 的资源分配	组织是否按照 BCMS 进行练习、是否有专人负责处理事故、事件响应人员的责任包括的内容（14 项）。
BCMS 意识	BCMS 的意识计划包括的内容（9 项）。
BCMS 的有效沟通与咨询	业务连续性沟通计划在何种程度上是全面的。
业务影响分析	业务影响分析包括的内容（4 项）。

续　表

问　题	指　标
风险评估	风险评估过程的完整度。
业务连续性程序	业务连续性程序完成到何种程度、事件响应结构度量的措施(6 项)、建立了哪些警告和通信程序(7 项)、相关方是否已就重要信息发出警报、沟通和警告练习的频率。
快速恢复的训练和测试	组织是否按照 BCMS 进行练习、组织训练来测试快速恢复的频率。
根据 BCMS 监控绩效	哪项监察程序是有效的(5 项)。
理解和影响环境	组织在规划韧性时是否考虑各类环境。
有效和授权的领导力	组织是否有提高领导能力以提高应变能力的计划。
组织韧性文化	组织是否有培养韧性文化的计划。
分享信息和知识	在何种程度上组织活动来共享信息和知识。
资源的可用性	是否有足够的资源分配给关键服务的维护、是否有为提高员工技能而开展的活动、是否有识别和响应变化的活动、是否定期检讨资源分配的活动。
管理学科的发展与协调	是否确定了管理规程并进行调整、每个负责人贡献的审查频率、最高管理层在多大程度上允许灵活应用规则、沟通计划在多大程度上有助于建立一致性。
预测和管理变化的能力	是否进行了态势感知活动、这些活动是否在需要时进行自我调整、韧性活动是否建立在现有的愿景中、管理规程是否健全有效。
国家安全中心	是否存在"国家安全中心"、报告机制是否已制度化、CI 提供者是否真正报告、CI 提供商是否共享关于 IT 威胁/攻击的信息、BSI 是否建议委员会活动、不同的国家安全机构是否相互协作。
保持最新	是否定期检查安全措施。
是否提供并使用经过认证的 IT 组件	——
用户参与	韧性活动是否建立在现有的愿景上、组织计划在多大程度上提高领导层的韧性、培养组织韧性文化的计划的广泛程度。
火灾反应能力	反应/补救措施是否有效。

　　如前所述,SmartResilience 采用一个 6 层次多维度的 CIRAM 测评体系评估 SCIs 各个阶段的韧性水平(图 3-21),前 4 个层次分别为区域、智能关键基础设施(SCI)、威胁和阶段,后 2 个阶段为问题和指标。SmartResilience 将 SCI 分为金融、能源、医疗护理、运输、生产、供水、信息通信技术(ICT)和其他 8 类,威胁分为恐怖

袭击、网络攻击、自然威胁、社会动荡、新技术风险、级联效应和其他 7 类,阶段分为理解风险、预测/准备、吸收/抵抗、反应/恢复和吸收/适应 5 个部分。SmartResilience 搜集的问题和指标涵盖了不同的 SCI、威胁和阶段,包括风险、安全、安保、危机管理、业务连续性和类似领域的现有标准、准则和报告。按照 SCI、威胁和阶段区分,D 4.1 报告中提供的问题和指标分布状况分别见图 3 - 26、3 - 27 和 3 - 28。

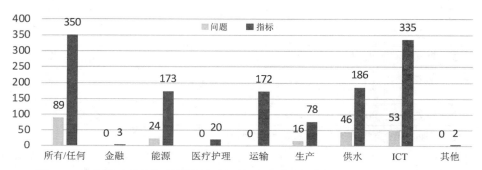

图 3 - 26   不同智能关键基础设施的备选问题和指标数量的分布(SmartResilience,2017d)

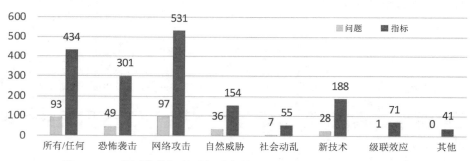

图 3 - 27   不同威胁的备选问题和指标数量的分布(SmartResilience,2017d)

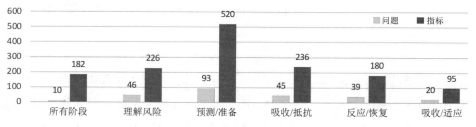

图 3 - 28   不同阶段的备选问题和指标数量的分布(SmartResilience,2017d)

第四章

城市韧性评估的应用案例

图 4-0　巴西坎皮纳斯民防部、印度妇女住房服务信托基金和印度总理首席秘书普拉莫德·库马尔·米什拉(Pramod Kumar Mishra)荣获 2019 年联合国减轻灾害风险笹川奖。（照片左起）联合国减轻灾害风险办公室负责人玛米·米足特瑞(Mami Mizutori)、印度总理首席秘书莫德·库马尔·米什拉(Pramod Kumar Mishra)、巴西坎皮纳斯民防部主任西德内·富塔多（Sidnei Furtado)和印度妇女住房服务信托基金主任比马尔·布兰巴特(Bimal Brahmbhatt)。

"The Global Making Cities Resilient Campaign is a great opportunity to change paradigms and contribute to the reorganization of the National System of Protection and Civil Defense. It allows for greater scope and national coordination and strengthens prevention as key to strategic planning in disaster risk reduction."

—— Sidnei Furtado (Civil Defense of Campinas, Brazil and Advocate of the Making Cities Resilient Campaign)

"让城市更具韧性(MCR)运动是改变风险防范范式并促进国家安全保障和民防体系重组的绝佳机会。它能在更大范围内加强国家各地区、各部门的协调，增强城市的防灾能力，这是减轻灾害风险战略规划的关键。"

—— 西德内·富塔多(巴西坎皮纳斯市民防部主任、MCR 运动的倡导者)

第一节　RF 和 ARUP——全球韧性百城

2013 年 5 月，洛克菲勒基金会(The Rockefeller Foundation，RF)创立"全球韧性百城(100 Resilient Cities，100 RC)"项目，旨在帮助这 100 个城市制定韧性规划、应对各种自然灾害和社会经济挑战，并为制订和实施韧性计划提供技术支持与资源。其后，奥雅纳(ARUP)公司与其协作，开发了城市韧性指数(CRI)，并在阿鲁沙、康塞普西翁、西姆拉、香港和利物浦 5 个城市进行了测试。截至 2019 年 7 月，"100 RC"计划中的 70 多个城市已经发布了包含 3 000 多个韧性战略的倡议，并将韧性总监/首席韧性官的角色制度化，近 20 000 人和 3 000 个社区团体参与了韧性社区建设的实践，100 RC 会员城市已在韧性议程中投入了超过 250 亿美元的资金(The Rockefeller Foundation，2019)。

洛克菲勒基金会(RF)自 20 世纪 50 年代末启动城市设计研究项目以来，一直是城市政策制定的领导者。洛克菲勒基金会的首批受助对象之一是简·雅各布斯(Jane Jacobs)及其著作《美国大城市的死与生》(*The Death and Life of Great American Cities*)。2013 年，RF 启动了"全球韧性百城(100 RC)"非盈利性项目，致力于帮助世界各地的城市在面对 21 世纪的自然、社会和经济挑战时变得更具韧性。100 RC 认为不断升级的城市化、全球化和气候变化给城市带来了巨大风险，生命、经济和发展均受到威胁，但同时也为 RF 履行促进全人类福祉的使命提供了巨大机遇。目前，100 RC 涉及 6 大洲的 47 个国家和 100 个城市，各城市人口分布介于 4 万至 2 100 万之间。这些城市总面积超过 67 000 平方公里(相当于比利时和荷兰国土面积的总和)，总人口约 2.2 亿(相当于巴西的人口)。其中，贫困人口将近 5 000 万(相当于哥伦比亚的人口，其中约 2 100 万人每天生活费不足 2 美元)，总 GDP 约占世界的 20%，且在各大城市中有约 15 万亿美元的经济活动(The Rockefeller Foundation，2019)。

100 RC 的长期目标是改变世界城市的规划和运行方式，鼓励城市居民积极和协作地思考相互关联的挑战,从而提高其适应和发展的整体能力,并减少数百万城市人口的脆弱性。为了实现这一目标,100 RC 基于两个关键的认识来组织行动:其一,城市是由复杂而孤立的系统组成的,这些系统面对巨大挑战时常常产生狭隘的解决方案;其二,现有的解决城市问题的服务或思路通常无法达到城市尺度,或无法在城市之间通用。为了解决这两个问题,100 RC 举办了 3 场竞赛,吸引了来自 150 多个国家的 1 000 多名参与者。100 个会员城市最初收到的 4 个核心产品为:(1) 韧性总监/首席韧性官(Chief Resilience Officer,CRO),即在市政府中建立的一个创新职位,提供财务和后勤指导,总领城市韧性建设工作;(2) 韧性策略支持,即根据各个城市的需求,为制定全面的韧性策略提供技术支持;(3) 合作伙伴平台,即可以提供解决方案和服务的私营部门、公共部门和非营利部门的合作伙伴,用于支持韧性战略的制定和项目的实施;(4) 会员城市网络,即加入 100 RC 的全球会员城市网络,为相互交流知识和最佳实践提供平台。

上述四个方面使 100 RC 的城市能够不断加强其核心韧性建设能力,将韧性思维和韧性目标纳入其流程、政策、实践与预算中,并在 CRO 办公室之外产生韧性倡导者,包括城市领导层、民间组织和其他利益相关者。在项目实施过程中,100 RC 为会员城市提供了技术援助和具备专业知识技能的工作人员,同时帮助会员城市建立了韧性建设的政治意愿和公民对韧性的认同感,并在其他优先事项逐年转移的情况下长期保持韧性议程的正常进行。此外,100 RC 致力于通过网络促进对城市韧性项目的大规模投资,建立韧性基础设施的市场标准,强调韧性的价值和存在于城市社区的韧性需求,借此展示和呈现韧性红利的价值。最后,促进城市韧性运动不仅需要个别城市内部的变化,还需要全球组织的参与和努力,因为这些组织拥有资本、权力或监管机构,能够对城市面临的挑战和机遇做出重大干预。100 RC 致力于激励和影响全球的思想引导者、政策制定者和关键机构,以支持 100 RC 会员城市和世界各地的韧性建设工作。目前,100 RC 计划中有 135 人担任过会员城市的 CRO,带领全球 17 850 多名城市韧性实践社区成员一起制定完成了 70 个整体韧性战略和 3 500 多个具体行动和倡议,在合作伙伴与城市之间开展了 200 多项应对城市挑战的合作,为会员城市提供了价值 1 250 万美元的公益性解决方案和服务,各会员城市为实施韧性议程投资超过 254 亿美元,共计

2 866 项 100 RC 成果和思想理念被主流媒体报道和引用。

100 RC 认为,要想增强城市的韧性,必须重视 4 条关键路径:(1)创建韧性倡导者,注重 CRO 的作用和关键素质,包括创建并融入韧性办公室(Resilience Offices)、培养多元化的韧性拥护者、充分利用韧性战略、发挥城市领导力和韧性沟通能力;(2)改变城市规划和发展的方式,包括制定韧性战略、在项目设计中使用韧性理念、将韧性测量与评价融入城市政策和系统;(3)为韧性建设寻找投资,包括提高城市信用度、建设机构和地方相关能力、在经济上优先考虑城市韧性、开发能够带来韧性收益的金融产品;(4)利用合作伙伴关系大规模开展工作,包括建立 CRO 和其他城市从业者的网络、在大都市地区进行韧性建设、组建成功的城市合作伙伴关系、重视集体行动和全球机构的作用。鉴于 100 RC 会员城市较多,本节从"韧性倡导者"、"韧性行动"、"韧性资金和融资"和"多尺度合作伙伴"4 个方面,分别选择 3 个代表性城市来阐述城市韧性建设的经验和成果。

一、韧性倡导者

设立 CRO 领导韧性议程、扩大"韧性倡导者"数量和推动"韧性倡导者"的持续运作是 100 RC 计划的重要成就之一,这些多元化、充满活力的领导人代表着韧性实践的先锋,并推动着世界上一些最复杂、最具活力城市的变革。截至 2019 年 7 月,已有 135 人在 100 RC 会员城市接受了培训并担任过 CRO 职位,尽管其中有 62 个城市发生了共计 72 次市长换届,但仍然有 89 个 CRO 职位持续运行。100 RC 为 CRO 职位提供了 2 年的种子资金(Seed Funding),目的是促进长期变革。在 100 RC 拨款期结束之后,有 78% 的城市继续为 CRO 提供资金并将其角色化,证明它是 21 世纪城市政府不可或缺的一部分。通过与当地利益相关者的合作,100 RC 提供培训并分享最佳实践,CRO 及其团队进行了约 30 个月的韧性能力建设。通过"韧性倡导者"的工作和实践,100 RC 会员城市很快开始重视韧性能力建设,每个韧性办公室平均增加了 5 名工作人员。除了 CRO 和韧性办公室外,全球会员城市有超过 17 850 人组成的实践社区参与了韧性战略的制定,其中包括 3 000 多个社区团体,这使得韧性战略真正体现了社区居民的需求,也扩大了韧性议程的所有权。

1. 美国洛杉矶——整个市政厅的韧性制度化

洛杉矶拥有 400 多万人口，是美国第二大人口城市。洛杉矶被誉为世界创意之都，其经济依赖于国际贸易、娱乐、科技、时尚和旅游业。洛杉矶市面临的主要自然灾害是地震、火灾、干旱和洪水，此外还有经济不平等、基础设施老化和气候变化等带来的影响和压力。

洛杉矶的韧性战略包括 100 多项与市政办公室广泛合作的行动。从始至终，韧性办公室进行了跨部门的全面参与，利用 CRO 独特的召集能力，将来自市政府不同部门的官员聚集在同一个会议室，通过协商得到最终的韧性战略，可以清楚地展现出城市抗击冲击和压力的优先事项以及韧性建设的原因与各部门的具体举措。显然，以这种方式制定的韧性战略能引起各个部门的共鸣，有助于韧性建设的跨部门合作，并逐渐推动韧性倡导者的多元化。为了进一步规范韧性建设工作的分担和协作方式，洛杉矶市长在市政府中任命了 30 多名部门首席韧性官员（Departmental Chief Resilience Officers，DCROs），组建了一个城市内部的韧性从业者网络，并在各个部门推行城市韧性建设的贡献和职责制度化，以此将韧性建设确定为洛杉矶市政系统和服务的一个永久部分。

洛杉矶在"韧性倡导者"方面的其他举措包括：（1）扩大韧性办公室以领导韧性战略的实施，促进全市范围内的韧性伙伴关系，并动员洛杉矶市民参与韧性建设行动；（2）将战略实施纳入机构绩效评估和预算提案；（3）设立机构间工作组，促进应对特定冲击和压力的部门合作；（4）以洛杉矶市 CRI 试点为基础，测量全市的韧性指标，跟踪实现韧性目标的进度。显然，DCRO 拥有广泛的专业知识，并且在城市中扮演着不同的角色和职责，对将韧性主流化到整个洛杉矶至关重要。任命 DCRO 极大地增加了城市"韧性倡导者"的数量，并为在韧性能力倡议和战略中建立新型跨部门伙伴关系铺平了道路。

2. 日本京都——促进韧性对话

京都是日本中部的一个内陆城市，有 150 多万人口。京都有着 1 200 多年的历史，是世界上现存最古老的城市之一，以其丰富的文化内涵和宽容特征著称。几个世纪以来，在自然灾害、流行病等无数冲击和压力面前，这座城市展现出了其独特的韧性。近年来，气候变化、全球化、人口迁移等相互关联的全球化趋势给京都带来了更为频繁和严峻的挑战。如今，京都正面临着各种各样的压力，如洪水、地震、经济下行、人口老龄化等，这些压力不仅削弱了城市抵御潜在冲击的能力，还使得社区凝聚力下降，城市景观整体恶化，导致社会隔离加剧。

为了解决上述问题，破除城市规划各自为政的困局，2017年京都CRO领导韧性团队发起了一系列韧性对话，以促进来自不同政府部门的主管、副主管和团队成员之间的沟通。这些跨部门的讲习班和一对一的交流使参与者可以贡献各自的专业知识（人口和人口结构变化、环境和减轻灾害风险），共享相关信息并就各种城市应对风险的优先事项进行反馈。这一协作过程有助于促进关键部门负责人和理事会成员对韧性战略举措的认可，并且确保韧性成为京都未来城市愿景的一部分，使韧性战略能够纳入2021年更新的城市总体规划中。

3. 波多黎各——飓风玛丽亚和重建波多黎各

2017年9月，大西洋有史以来的第十大飓风"玛利亚"袭击了波多黎各岛，导致成千上万的居民失去生命，损失高达900亿美元。历史上，该岛曾表现出较强的韧性。但飓风"玛丽亚"造成的破坏是致命性的，同时基础设施不足和老化、居民贫困以及政府债务危机等潜在的压力也加剧了飓风的影响。"波多黎各韧性咨询委员会（the Resilient Puerto Rico Advisory Commission）"于2017年11月成立，作为波多黎各不同声音群体中的统一力量，委员会开始以更多的公众参与和韧性建设透明度来重建和发展波多黎各，其目标是促进波多黎各变得更强大、更有韧性（Resilient Puerto Rico Advisory Commission，2018）。

该委员会由RF、福特基金会（Ford Foundation）和开放社会基金会（Open Society Foundation）资助，由1名执行董事和5名联合主席组成的小组共同领导，之后选出24名委员与100 RC开展合作。该委员会代表了波多黎各"韧性倡导者"的基础团队，他们的工作将韧性思维拓展到圣胡安市以外的整个波多黎各岛。委员会成立后，举行了全岛会议，听取了750多名居民和主要利益相关者的意见，以识别风险、讨论有关事项和愿望。通过与联邦、州和市政府接触，并提出建议，使波多黎各成为一个更强大、更有韧性的地方。会议共同制定了"重建波多黎各（ReImagina Puerto Rico）"战略，可以说是一个可操作的和及时的建议集，为如何最大限度地部署慈善机构、地方政府和联邦复苏基金提供解决方案。

"重建波多黎各"战略涉及的6个部门确定了以下目标：（1）住房（Housing），即制定减少风险暴露和促进社区赋权的多方战略，以解决波多黎各社会经济条件、住房类型和居住期限的多样性问题；（2）能源（Energy），即解决波多黎各的能源需求，提高其电力基础设施的可靠性和创新性，减少对人类健康和环境的不利影响；（3）物理基础设施（Physical Infrastructure），即开发和维护可访问的、综合的、灵活的、稳健的基础设施系统，使其能够为维持波多黎各人民的福祉发挥关键性的作用；（4）卫生、教育和社会服务（Health，Education，& Social Services），即制定行动计划，确保卫生、教育和社会服务供给，以降低当前和未来的脆弱性，并在社区参与设计和实施的情况下制定改善社会公平和福祉的路径；（5）经济发展（Economic Development），即通过提升经济发展水平、改善就业前景和减少不平等现象，形成多样化的经济活动组合，增强波多黎各的抗风险能力；（6）自然基础设施（Natural Infrastructure），即通过波多黎各自然资源的可持续利用，改善人类健康和福祉，促进经济发展，减轻灾害风险。

　　"重建波多黎各"包含了6个部门的97项建议，其中17项是波多黎各重建的当务之急。这些建议还全面考虑了未来可能的需求和持续的挑战，以指导波多黎各的长期韧性和重建工作，并减轻未来灾害的影响。尽管建议是由6个关键部门提出的，但在设计上是一个整体，采用了韧性棱镜原则，以确保它们在经历长期压力和剧烈冲击时也能够提高个人、社区、机构、企业和系统的生存、适应和发展能力。此外，利益相关者的广泛参与也确保这些建议真正代表了社区的需求。总体而言，"重建波多黎各"项目希望在一个更坚实、公平和有韧性的基础上重建波多黎各，它力求在所有重建项目中促进创新，并且边干边学。

二、韧性行动

　　100 RC的根本目的是通过重新思考城市与风险和机遇的关系，帮助城市改变其发展轨迹。城市韧性建设需要在城市运作的各个方面进行系统性的变革。它需要从整体上审视一个城市的发展规划，了解其系统及各部分的相互依赖性以及城市可能面临的各种风险。同样，韧性建设项目也应该进行整体设计，以便从单一干预中获得多重利益——韧性红利，即基于前瞻性思维、风险意识、包容性和综合性的设计方式，制定城市倡议和项目时，以便获得社会、经济和物质利益。创建和实施韧性战略、设计和交付韧性建设项目的过程，为城市提供了发展与实现总体韧性建设目标的能力和机会。韧性战略为一个城市的韧性建设绘制了路线图,阐明了一个城市未来面临的长期挑战、愿景和优先事项以及城市未来发展的具体行动或建议,旨在激发市政府内部和外部团体共同行动、共同投资和广泛支持。

100 RC 会员城市的实践经验表明,从根本上改变城市结构、将韧性融入城市规划和行动中,会产生诸多效益,如:以创新的方式利用有限的资源并获取更大的效益;更好地组织和协调,并在设计中实施更具包容性和风险意识的项目;更好地准备应对未来可预见的风险和意外挑战;在平时和危机时刻都能更好地与当地居民交流。作为相关捐赠计划的一部分,100 RC 会员城市可获得外部专家协助者(在 100 RC 计划中称为"战略合作伙伴")的支持,引导他们完成特定的 100 RC 韧性战略制定。截至 2019 年 7 月,已有 71 个城市和 2 个国家政府机构发布了全面的、可操作的韧性战略,83%的城市已经将韧性原则融入城市规划、政策和实践中。这些战略中包括 3 550 多个具体项目,从零散的社会项目到具有强大基础设施的韧性项目,时间跨度从几个月到几十年不等。这些举措建立在城市现有资产的基础上,以期从整体上缓解城市面临的主要冲击和压力,提升城市的整体韧性。

1. 南非开普敦——水韧性和拒绝"零日"

开普敦是南非第二大城市,约有 600 万人口。由于高度依赖降雨带来的地表水,开普敦及其周边地区非常容易遭受干旱灾害。该市最主要的应对措施是加大对用水量的限制。2016 年初,该市首次实施了限水措施,此后两年,限水措施变得越来越严格,直到开普敦人日均饮用水量不超过 50 升。开普敦最著名的节水措施是"零日计划(Day Zero)","零日"指城市的供水大坝和水龙头关闭,居民必须在指定的地点和时段内取水。为避免"零日"的到来,市政府、企业和家庭采取了大量行动来应对干旱,如引入有限的新水源、用节水植物代替草坪和水生植物、购买和使用节水装置(如低流量的水龙头、节水的淋浴喷头和更小的马桶水箱)、缩短洗澡时间、收集灰水冲洗厕所、安装雨水收集罐等,最终将用水量降低为干旱前的50%以上,有效减少了用水需求,也减轻了供水压力。

自 2016 年加入 100 RC 网络以来,开普敦市一直在执行一项明确的任务,即提高供水系统的长期韧性能力和整个城市生态系统的长期韧性能力。开普敦市的第一个韧性战略在 2019 年下半年发布，该战略将水管理视为头等大事。水资源管理是在快速增长的人口背景下进行的，并且需要考虑到长期存在的社会隔离和不平等问题。例如，能否获得充足、清洁的水源与长期的压力（如高失业率、贫困、粮食不安全和缺乏可负担的住房）有很大关系。与其他城市一样，开普敦市越来越需要促进对水韧性的长期规划和投资，包括实施可持续的水资源管理方式，提高用水效率，减少用水需求。提高水韧性虽然是一个艰巨的挑战，但也是实现变革性增长的机遇。水韧性项目本质上是一个合作的过程，该市的团队出色地完成了工作任务，吸引了 150 多位专家和 11 000 多名市民来共同制定未来城市发展的整体规划。这项工作是在全市发生水危机的情况下进行的，开普敦市的成就进一步证明了与城市居民和利益相关者的合作能对城市的治理和运营产生的积极影响。

2. 新西兰奥克兰——城市设计实验室

对奥克兰市而言，韧性战略是一项关键的行动，旨在应对最紧迫的系统性危机和来自经济、社会和基础设施方面的挑战。一项由社区主导和"城市韧性战略"发起的为期 3 年的倡议要求在奥克兰市创建一个"市民设计实验室（the Civic Design Lab，简称 CDL）"。CDL 是一个由公私合作伙伴发起，通过召集跨部门团队，制定应对奥克兰韧性挑战的新方法。CDL 的原则包括系统性思考、以人为核心的设计和种族平等的应用。综合这些原则，CDL 能够超越城市政府的机构限制，为最需要它的人提供有积极效应的政策和服务。在实际的政策制定过程中，CDL 能够将社区和员工放在首位，让居民和员工更容易接触到市政府。

CDL 团队已经用新的方式解决了城市中一些最根深蒂固的问题，使政府能够更有效地推进其韧性目标。同时，奥克兰市正在重新思考如何最大限度地利用有限的资源，使社区受益并更加公平。例如，当城市在升级其租金调整计划数据库和在线系统时，CDL 团队认为这是一个促进租户、业主和城市工作人员之间对话的机会。大量的用户参与和测试使 CDL 能够在 5 个月内推出响应式网站和在线应用程序。经过优化后的租金调整计划门户网站更容易访问，使得奥克兰人通过利用该网站更方便获得可负担的住房信息，并提高了社区对政府的信任。此外，CDL 还改进了健康房屋的检查流程，简化了城市项目和社会企业家之间的合作关系，以实现公平的经济增长。

3. 荷兰鹿特丹市——城市韧性扫描工具

作为一个务实和高人口容量的城市,鹿特丹市非常适合测试韧性建设的新方法。鹿特丹市韧性战略的主要目标是将韧性思想纳入其所有的城市项目中。自该战略发布以来,多个项目负责人向韧性团队请求协助,以评估和改进未来计划和正在进行项目的韧性价值。为此,鹿特丹市韧性小组与 100 RC 合作设计了城市韧性项目扫描工具(Project Scan Tool),帮助项目所有者和韧性团队从 3 个方面了解项目的韧性价值。该工具基于 MS Excel,可以快速评估项目的韧性价值,包括使项目与韧性战略目标保持一致、项目与城市的冲击和压力之间的关系以及该项目包含的 7 种韧性。根据评估结果,韧性团队和项目所有者可以重新设计项目,为城市以及项目本身提供更大的韧性价值。项目扫描工具既是一种技术性工具,也是一种参与性工具,有助于制定切实可行的方法来提高项目的韧性价值,同时也有助于让利益相关者参与进来,加强整个城市韧性运动的活力。100 RC 已将这一工具应用到大曼彻斯特和旧金山的项目韧性评估中。

三、韧性资金和融资

韧性城市战略的实施和可持续发展目标的实现需要城市创造出推动、支持和实施韧性建设项目的有利条件,并增强应用市场上投资者的兴趣,以扩大现有的投资来源。事实上,结构良好的城市韧性项目的确能够吸引投资者的兴趣。如麦肯锡公司(McKinsey & Company)的数据显示,过去十年,全球财富管理行业的投资规模持续增长,2017 年全球管理资产总额高达 89 万亿美元,创历史新高。可持续和责任投资论坛(Forum for Sustainable and Responsible Investment)的一份报告发现,仅在美国,可持续、负责任和有影响力的投资资产就达 12 万亿美元,几乎占该地区总资产的三分之一,较 2016 年的 9 万亿美元增长了 38%,这些投资资产很大程度上与国家应急管理和城市韧性建设相关。100 RC 也注意到,越来越多的投资者与合作者更加注重项目的可持续性和韧性。然而,现实是城市往往缺乏韧性项目的长期投资和融资渠道。原因在于城市韧性项目的设计是一种崭新的且不够熟练的方法,需要更大的政治承诺和对城市资源的投资。同时,与城市韧性相关的量化价值主张仍处于起步阶段,投资者尚未理解或重视投资决策过程中的韧性价值。显然，韧性项目多种多样，要求政府和投资者能够改变其运作方式，通过数据收集、项目开发和融资等各种方式促进公共部门与私营部门之间的合作。截至 2019 年 7 月，100 RC 会员城市已经促成了超过 254 亿美元的韧性项目，为其韧性办公室提供资金，并支持其韧性议程。这些资金来自政府（包括中央和地方政府）、私营部门、国际援助和慈善机构以及政府间组织的捐款和投资。

1. 美国亚特兰大市——普罗克特河绿道

作为美国人口最多的城市之一，亚特兰大市是一个重要的交通和工业中心。同时，亚特兰大市也是美国民权运动的发源地，历史上曾经不能享有公民权的非裔美国人如今占了该市人口的 50% 以上。因为种族隔离等原因，亚特兰大市也是美国收入不平等程度最高的城市。这两种压力是重叠的，因为亚特兰大市贫困最严重的是有色人种，这些社区也更有可能面临环境公平的问题。尽管亚特兰大市有"森林之城"的美称，但在 2017 年，只有 41% 的亚特兰大市民能够安全地步行前往公园等绿地，低收入和/或少数族裔社区的通行率低于城市整体水平。普罗克特河（Proctor Creek）是查塔胡奇河（Chattahoochee River）的一条支流，发源于亚特兰大市市中心，通过隧道一直延伸至距离市中心 5 英里的西部社区（主要为经济落后地区），这些社区约有 5 万居民，其中 90% 以上是少数民族。过去几十年来，普罗克特河流域（约 16 平方英里）一直面临着环境退化的问题，如河岸侵蚀、非法排污以及暴雨洪水等。

亚特兰大市韧性战略的一个优先倡议就是修建新的普罗克特河绿道（Proctor Creek Greenway），这是一项旨在改善水和土壤质量以及加固下水道基础设施的工程。该战略计划到 2022 年，在全市范围内新建 500 英亩可供公众使用的绿地。该项目的资金来源于水资源管理部（DWN）投资的 16 万美元以及选民于 2016 年认可的交通专用销售税（TSPLOST）360 万美元的投资。2018 年 5 月 7 日，规划总长 7 英里，绿道中的 3 英里先期竣工并正式向公众开放。它拥有自行车道和人行道，实现一次干预即可提供多种共同收益的效果，即促进运动和健康生活，增强亚特兰大市的自然资产，并在面临着巨大环境和经济挑战的城市地区促进经济发展。

2. 美国匹兹堡——韧性战略作为投资说明书

匹兹堡韧性战略（OnePGH 基金），是美国匹兹堡市在 21 世纪实施的一个涉及参与、授权和协调邻邦的城市繁荣发展战略，目标是让整个社区共享繁荣机会，让所有市民在面对城市风险和逆境时得到良好照顾和准备。2015 年以来,该项目召集超过 2 000 名城市居民参与辨识匹兹堡市可能面临的冲击、压力和风险,以此确定城市韧性建设需要实施的最关键项目;到 2030 年,匹兹堡市将在解决环境压力、维护文化和自然资产以及消除饥饿和无家可归等方面取得可衡量的成功。OnePGH 自 2016 年开始从 100 RC 的区域和全球项目中汲取经验,它是第一个也是 100 RC 网络中唯一为当地投资招股说明书提供信息的项目。

　　到 2030 年,匹兹堡市的目标在缓解环境压力、维护文化和自然资产、消除饥饿和无家可归现象等方面产生显著影响。例如,OnePGH 的安全街道规划不仅仅限于交通出行,还保证了城市的每个社区均能获得发展机会。此外,OnePGH 优先考虑的事项包括:使人们有可负担的住房,让所有孩子都可以参与 Pre‐K 计划,将雨水转化为资产,并建立世界一流的供水系统。3 年来,以城市韧性分析为主导的规划最终形成了具体的项目实施计划,可作为韧性战略的补充。合作伙伴与投资者可以通过帮助或资助这些重要计划,或发展适当的公私合作伙伴关系,为匹兹堡的公平发展做出贡献。这些投资不仅将为匹兹堡的脆弱人群提供社会保障,还将增强社会稳定性,以维护和利用匹兹堡的自然、建筑和文化资产。总体而言,这些投资将为该市居民营造一个健康、安全、丰富和韧性的环境。

3. 巴西阿雷格里港——太阳能扩张融资

　　阿雷格里港是巴西最南端的州首府,人口超过 150 万人。从举办世界社会论坛到成为世界上第一个实施“参与式预算”的城市,阿雷格里港也是巴西第一个重视废物回收和管理的城市。作为其整体韧性建设计划的一部分,阿雷格里港一直在推行各种举措,以促进可持续能源的生产,并提高整个城市的能源使用效率。2016 年,通过参与 100 RC 项目,阿雷格里港与致力于可持续发展的地方政府开展合作,在该市一所公立学校屋顶上进行太阳能电池板的试点安装。如果数据表明这种措施能够大大降低学校的能源支出,韧性办公室就可以将这一措施(现称为“学校能效和太阳能项目(Luz do Saber)”)推广到该市的每一所学校。

　　阿雷格里港选择这一拓展项目的原因在于该项目具有公认的韧性建设价值,并且能够得到低碳投资融资能源(FELICTY)提供的技术援助。该项目由德国国际能源公司(Gerutsche Gesellschaft für Internationale Zusammenarbeit)和欧洲投资银行(EIB)牵头。FELICITY 为开发和实施绿色能源项目、提高能源效率或将可再生能源纳入整个发电组合的项目提供资金。FELICITY 证明了这些项目的可行性，同时也在基金顾问和当地雇员之间分享了专业知识，使工作人员能够在未来对其他公共建筑进行能效改进。鉴于 21 世纪面临着气候变化和资源紧张的挑战，阿雷格里港的韧性战略不仅保护了当地环境，也有效增强了下一代市民的环保责任感。将公立学校的社会基础设施作为太阳能和高效技术的示范点，可以降低学校停电的风险，减少城市的能源支出和温室气体排放，让学生更直接理解可持续发展理念，进而实现更广泛的城市韧性目标。

四、多尺度合作伙伴

为了促进城市韧性运动发展，城市的领导者和韧性倡导者必须意识到经验分享与紧密互助的重要性。通过建立除常规模式外的新型伙伴关系，城市和非城市参与者可以制定并推进针对长期挑战的新规划。作为 100 RC 计划的一部分，会员城市均已加入 100 RC 网络。该网络分为两个层面：一个是由所有会员城市及其 CRO 组成，可供城市之间交流最佳实践经验，扩展思维，进而实现共享目标；另一个由合作伙伴平台组成，可为会员城市提供从私营部门、学术界、非营利组织、政府等主要参与者那里获得的公益性服务和专业知识支持。这个网络在诸多空间尺度上都发挥了作用，形成了一个全球性的城市韧性实践社区。

通过在全球 100 个不同的城市中采用统一的 CRO 角色和韧性策略开发流程，100 RC 建立了可共享的语言和具有凝聚力的经验平台，使不同城市及合作伙伴可以相互交流工作并共同解决问题。目前，城市合作伙伴已经开发了近 20 种解决方案。100 RC 会员城市网络可与非城市参与者合作，重新规划更大的全球参与者和机构。目前，全球三分之一的战略计划中有地方非政府组织和社区团体参与，29％的项目与私营部门开展了合作，有地方政府和学术机构参与的战略项目分别占到 24％和 20％以上。100 RC 网络覆盖了位于 47 个国家、使用 21 种语言的城市。在最初发布的 64 个韧性战略中，有 1 400 多个会员城市在相互合作过程中得到指导和启发。自 2014 年以来，世界各地已发表了 2 850 余篇有关 100 RC 主题的文章。100 RC 在各类社交媒体上拥有超过 23 万名粉丝。仅在 2019 年的前 5 个月，100 RC 网站的访问量达到了 52 万人次。

1. 墨西哥科利马——都市治理的韧性

科利马市虽然只有 15 万人口，却是州首府和重要的经济中心，在拉丁美洲的所有城市中生活质量排名第十。科利马都市区由 5 个自治市组成，拥有 36 万人口。尽管这五个自治市面临着相似的环境、社会经济和行政方面的问题与挑战，但在试图解决这些问题时，不同地区的政府之间往往缺乏协调。由于缺乏支持性立法（如建立市际大都会协会），尝试促进合作的举措最终都未能影响到决策。

为了协调和改善规划流程，推动科利马大都市区五个自治市的协同发展，科利马市创建了一个新的公共市级管理机构，即大城市韧性和规划研究所（Metropolitan Resilience and Planning Institute，MRPI）。该研究所由一支多学科背景的专业技术团队组成，受总干事管理，并受一个综合性的公民委员会监督。科利马韧性能力建设面临的主要挑战之一是城市的无节制扩张，而五个自治市之间缺乏合作又加剧了这一问题。因此，MRPI 旨在制定促进城市发展的政策和法规，包括研究项目和指导方针，以形成可持续和有韧性的发展模式，尤其是为土地利用和分区提供决策指导。MRPI 还将针对主要利益相关者（如市政府和州政府机构）开展有效管理的实践能力建设，以提高科利马大都市区的整体韧性。

2. 英国伦敦——反恐准备和社会韧性

伦敦是全球韧性城市建设的先驱。作为泰晤士河的一个重要贸易港口，这座城市近 2 000 年来一直是重要的国际文化、资本和金融中心，拥有许多成功的产业。这种吸引力使得城市生活成本超出了许多人的承受能力，这种不平等也加剧了其他社会压力。伦敦面临各种各样的威胁，包括恐怖袭击、洪水和干旱、经济不平等、缺乏可负担的住房等。2017 年加入 100 RC 之后不久，伦敦遭受了 Grenfell 塔楼大火，而哈里斯勋爵（Lord Harris）撰写的关于伦敦恐怖防范的报告也发布了。这两个事件都指明了该市韧性能力建设的必要性和紧迫性。该市的应急服务部门长期以来一直致力于了解和防范各种各样的威胁。在过去十年里，这项工作已逐渐演变成一个更广泛的城市整体韧性计划，市长于 2018 年任命了该市第一位消防与防灾方面的副市长，并给这个新的消防和韧性团队赋予了更广泛的职权，来开启 100 RC 项目的工作。

2019 年，伦敦金融城（位于伦敦市中心的一个小行政区）的 CRO 在被任命后，开始推动伦敦与其他主要欧洲城市的合作，以应对重大挑战并实现共同目标，其中之一就是减少恐怖主义威胁。通过加强对激进主义暴力倾向的关注，推进现有的反激进主义议程。通过 100 RC 网络，伦敦启动了与巴塞罗那、曼彻斯特、巴黎、鹿特丹和斯德哥尔摩的合作，合作范围仍在不断扩大。这个名为"反恐准备和社会韧性"的组织，通过与其他关键的社会和安全利益攸关方合作，联合制定市级反恐政策，全面建设社会韧性。该小组目前正在探索有关反激进主义、战略协调、心理干预、人道主义援助和恢复等方面的工作。

3. 澳大利亚悉尼——大都市区韧性

当悉尼市首次申请加入 100 韧性城市网络时，城市领导层接到了 100 RC 的要求：超越城市边界。悉尼市是悉尼大都市圈中心的地方政府所在地，面积只有 25 平方公里，生活着 20 多万居民。要真正提高悉尼的韧性建设能力，就需要在面积 1.2 万平方公里、人口超过 500 万、被划分为 33 个地方政府区域的综合大都市圈内开展工作。由于没有建立专门的大都会治理机构，悉尼大都市圈的韧性建设成为了一项艰巨的挑战。考虑到缺乏强制参与权力，悉尼市首席执行官亲自向所有地方议会的领导者提出了一项建议：作为一个大都市圈对象加入 100 RC 网络，并以不同的方式开展韧性建设工作。通过将社区风险和脆弱性融入城市规划，悉尼的所有政府将能够在最需要的地方采取更强有力的行动。2015 年，所有委员会（33 个）的领导人和代表以及许多企业和民间社会团体首次参加了制定大都市韧性战略的初期研讨会。与会者的结论是，悉尼的韧性建设确实需要突破城市边界。

悉尼大都市区的 CRO 在被任命后，便成立了一个韧性指导委员会。这个委员会能够代表整个大都市社区、地理和需求的多样性。悉尼韧性办公室明确了韧性战略发展过程中的利益相关方和参与者，其中包括一项社区研究计划，参与的代表来自全市各地居民。社区研究项目揭示了在这个高度多样化的城市中，不同地理位置、年龄和民族群体所面临的地方与大都市区尺度上的主要挑战。在此基础上，确定了一组共同的韧性挑战，使韧性倡导者有理由改变地方、州和联邦各级政府以及企业的规划和投资方式。此外，这种以社区为基础的实况调查使韧性指导委员会能够在悉尼大都会的同行中建立韧性工作的合法性，并确定与所有 33 个地方政府正在进行的战略规划工作的联系。2018 年 6 月，33 个议会市长、州政府和国家政府领导者共同批准并发布了以地方政府为主导的文件——《悉尼韧性战略》。该战略包括五个方向(即目标)和 35 个应对韧性挑战的行动。"一个城市(One City)"的目标是直接应对大规模脱节治理带来的挑战,通过项目支持更好地理解内部依赖关系和风险,寻找降低风险的途径,并承诺在决策过程中重点考虑那些受影响最为严重的人群。藉此,悉尼实现了突破城市边界来管理复杂大都市社区和系统风险的目标,是一个推行跨尺度大都市韧性建设项目的成功案例。

第二节 UNDRR——让城市更具韧性

联合国防灾减灾署（UNDRR）于 2010 年发起"让城市更具韧性（MCR）"运动，旨在促进全球城市的灾害韧性（抗灾能力）建设。UNDRR 及其执行伙伴与全球 200 多个城市和地方政府合作，评估其在建设地方韧性方面的差距和进展。同时，在 20 个试点城市制定和实施了气候与灾害韧性计划（Holly 和 John，2019）。2017～2018 年，MCR 使用城市灾害韧性记分卡对全球 214 个城市/直辖市（亚洲 88 个、美洲 50 个、撒哈拉以南的非洲地区 50 个、阿拉伯国家 26 个）进行"城市韧性十要素"测评，评估地方韧性建设的进展情况，同时也反映出全球韧性行动的趋势（UNDRR，2019c）。

一、初级评估

参与城市的灾害韧性初级评估（分值介于 0～3）结果如图 4-1、图 4-2 所示。总体而言，"城市韧性十要素"中的要素 4（追求韧性城市的发展和设计）是进步最大的领域（均分 1.55），其次是要素 2（识别、理解和使用当前与未来的风险情景，均分 1.52）、要素 5（保护自然缓冲区以增强自然生态系统提供的保护功能，均分 1.50）和要素 1（灾害韧性组织，均分 1.46）。相比之下，要素 3（加强防

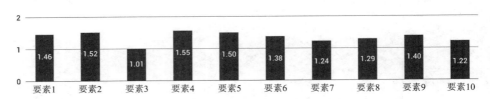

图 4-1 地方政府灾害韧性和减轻风险工作的总体进展（UNDRR，2019c）

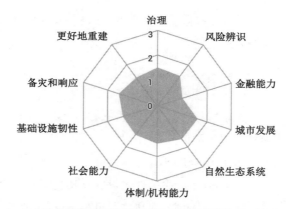

图 4 - 2　地方政府灾害韧性和减轻风险工作的总体绩效（UNDRR，2019c）

御风险的金融能力，均分 1.01）是最需要改进的领域。在所有大洲和区域，财政/金融韧性能力（要素 3）方面的进展相当有限，这表明对大多数国家而言，"确保为减轻灾害风险留有足够的财政预算"是一项挑战。在不同区域的具体城市中，美洲和亚洲的城市灾害韧性得分较好，阿拉伯国家城市次之，非洲国家最差。

二级指标评估方面，亚洲城市在公民参与技术方面表现良好，非洲撒哈拉以南地区和美洲的城市在数据共享方面表现良好，阿拉伯国家的城市在灾害评估方面表现良好。在灾害组织建设（要素 1）方面，所有城市将韧性建设与城市其他关键职能（如可持续性投资、遵守法规、应急管理等）相结合都取得了显著进展。然而，地方政府缺乏与 DRR 部门以及不同利益相关者之间的协调是目前存在的主要问题。同时，地方政府在以下方面的治理能力也还有待加强：相关机构间数据共享，为所有部门提供有关风险防范和韧性建设的培训课程，助其获得减轻风险和应对特定灾害情景的技能和经验。

灾害韧性和 DRR 资源分配方面，地方政府对吸引韧性投资资金的方法了解不够，几乎所有城市对企业和社会支持韧性建设以及利用保险作为风险转移机制的激励力度都很低，只有 42% 的地方政府制定了财政计划，允许在环卫预算内开展 DRR 的活动。其中，大部分与灾害有关的资金用于救灾和重建工作，而用于韧性建设和减轻风险的资金比例相对较低（Malalgoda 等，2016）。此外，虽然大多数城市与私营企业和雇主在灾害韧性建设方面的协作程度较低，但还是在加强弱势群体和社会网络相关能力方面取得了一些进展，反映出地方政府积极促进社区参与韧性建设的决心和努力。

二、详细评估

1. 要素一：灾害韧性组织动员

要素一要求城市在韧性建设和 DRR 领域建立地方一级的机构并加强其协调能力，建立相关的联盟和网络，并形成韧性建设的立法框架和行动机制。取得明显进步的代表性城市有阿尔拜（Albay，菲律宾）、贝鲁特（Beirut，黎巴嫩）和北温哥华（North Vancouver，加拿大）。阿尔拜市于 1995 年成立了灾害风险管理办公室，以应对台风、洪水、山体滑坡和地震等灾害风险。在具体的韧性建设和 DRR 工作中，阿尔拜将 DRR 制度化，确保资金到位且真正被纳入地方政府规划，同时明确了减轻灾害在地方政府工作中是一个正式、长期的优先事项。贝鲁特市政府推进 MCR 运动的首要举措是为灾害风险评估、灾情数据库建设和 DRR 总体计划的制定分配预算。同时，通过技术、财政、私营部门和民间组织的参与以及国家政府的支持来共同促进城市韧性建设。此外，黎巴嫩国家 DRR 平台正在帮助中小型地方政府签署和落实"韧性城市运动（Campaign for Resilient Cities）"，并加强基础研究以推进 DRR 行动。

北温哥华市侧重 DRR 活动中的政策创新与社区实践。具体而言，该市成立了一个自然灾害特别工作组，由 8 名居民志愿者组成。工作组的任务是帮助市政府测评社区可承受的自然灾害风险水平。工作组听取了主题专家的讲解，也征求了公众的意见，最终为该地区制定了适宜的风险容忍政策。例如，在颁发建筑和开发许可证时，应仔细考虑潜在风险，将风险与风险承受能力进行比较，并进一步将其降低至尽可能低的合理水平。该区居民、私营公司和政府土地所有人合作，采取行动改善斜坡排水系统，并沿城市—荒地交界区打造防御空间，从整体上降低山体滑坡和森林火灾的风险。北温哥华已将降低风险标准纳入其官方社区规划、战略规划和发展许可程序，并建立了滑坡和泥石流预警系统。作为 DRR 的成功典范，该市荣获 2011 年联合国—笹川减轻灾害风险大奖（the United Nations-Sasakawa Award for Disaster Risk Reduction）。

2. 要素二：识别、理解和使用当前和未来的风险情景

要素二要求城市决策者辨识最可能出现且最严重（最坏情况）的风险情景，并利用风险情景中的知识指导开发决策。代表性城市如拉丁美洲城市和卡塔克（Cuttack，印度）。拉丁美洲城市的政府在建立灾害风险对生产性基础设施影响评估系统的基础上，引入了在新项目开发过程中进行灾害风险评估的要求。如秘鲁通过了一项开创性立法，要求对所有公共投资项目进行灾害风险评估（UNISDR，2011）。如果风险得不到控制，该项目将得不到资金。同样地，南非的开普敦市也确立了城市 DRM 中心参与所有新开发项目风险审查的原则。印度卡塔克市也制定了为城市发展规划进行数据采集与风险制图的规定。事实上，该市的非正规居住区存在较严重的开发风险。当地的一个妇女团体 Mahila Milan 牵头搜集灾害风险数据，并进行风险区划和专题地图的制作，这些工作为辨识城市风险和承灾体脆弱性提供了准确、详细的分类数据库，为房屋升级或拆迁谈判提供了依据，也为在城市规划和开发过程中避免灾害风险提供了支持。

此外，世界银行、联合国人居规划署、联合国环境规划署和城市联盟共同制定了一个城市风险评估框架（URA），该框架为项目和城市管理者提供了一套灵活的方法来确定城市风险评估的可行措施。该方法通过危险性影响评估、机构评估和社会经济评估三个维度来理解城市风险，构建的评估模块包括历史灾害发生率、地理空间数据、机构测绘和社区参与四个方面。该框架可根据城市的资源和机构能力，灵活地选取相应的评估措施。

3. 要素三：加强防御风险的金融能力

要素三要求城市管理者认识到增强城市韧性有助于实施稳健的经济战略，确保韧性预算可为城市开发过程中减轻灾害风险提供必要的金融措施。代表性城市如凯恩斯（Cairns，澳大利亚），该市为备灾和救灾工作提供固定预算。凯恩斯市的年度运营预算涵盖了灾害管理部门、协调中心的运转资金以及志愿者应急服务和社区宣传计划等工作成本。近年来，其年度资本预算涵盖了建筑建设、应急车辆和设备的购置与维护、新的风险评估软件开发、洪水预警网络升级以及排水和减灾投资。此外，国家层面的投资与合作伙伴起到了补充作用，如 2011 年飓风"亚西（Yasi）"过后，建筑规范的审查团队增加了包括建筑环境专业人士、私营部门和学术机构等角色。

此外，菲律宾、中国和斯里兰卡均支持在减轻灾害风险方面进行投资。如菲律宾自 2001 年以来，要求城市将其地方政府预算的 5％分配给灾害救济基金（CRF）。根据 2010 年《减轻灾害风险和管理办法》该项拨款的 70％可用于准备和采购救灾/救援设备和物资。斯里兰卡灾害管理部在 2011 年宣布拨款 80 亿卢比，用于控制首都科伦坡的洪水，这笔钱将用于清理运河、重建排水系统以及其他预防洪水的措施和工作。同时，斯里兰卡还发起了一项"安全城镇"计划，以最大程度地减少灾害损失。根据"安全城镇"计划，15 个城镇被选为无灾城市。中国有两个容易受灾的省份也为减少灾害投入了更多资源。如四川省常务副省长表示将投入 20 亿元人民币用于完善地方地质防灾体系；云南省副省长表示要在地质灾害高发区的防灾和评估系统中投入至少 100 亿元①。

4. 要素四：追求韧性城市的发展和设计

要素四要求将城市规划和土地利用管理放在城市韧性建设的核心位置，要系统地进行脆弱性制图（Vulnerabilities Mapping），将韧性建设纳入正在进行的城市总体规划和战略。代表性城市如普纳（Pune，印度）和吉隆坡（Kuala Lumpur，马来西亚）。普纳市在过去几十年来频繁受到严重的周期性洪水影响。为应对未来气候变化影响下日益增长的洪涝灾害风险，该市已经制定了提升项目建设能力、评估危险性和脆弱性的行动方案。全市的行动计划包括恢复自然排水、拓宽河流、扩建桥梁和应用自然土壤过滤方法等结构性的规划措施以及在丘陵地区实施造林、修建小型土制防渗坝等流域保护措施。同时，政府提供财产税激励措施，以鼓励家庭回收废水或存储径流雨水供家庭使用或供自己使用。这些努力与改进洪水监测和预警系统、为受影响家庭提供社会保护等相辅相成。该计划由市政府、市政专员、各个城市部门和特定的公民团体共同推动。

作为提高基础设施韧性的手段，吉隆坡市建设了一个兼具排水功能与雨水管理功能和公路隧道（Stormwater Management and Road Tunnel，SMART）。该隧道长 9.7 公里，设为三层，最低层为排水层，其上两层为道路交通层。通过排水沟将大量的洪水从城市的中心商务区转移到蓄滞洪区（如蓄水池、鱼塘和旁路隧道）。尽管隧道建设花费了大量资金，但其在防灾减灾方面也发挥了重要作用。

---

① 参见 http://www.chinadaily.com.cn/china/2011 – 07/20/content_12938793.htm.

该隧道自 2007 年智能化运行以来,共进行了 114 次调水,防止了 7 次潜在的灾难性山洪暴发,并减少了数亿令吉(马来西亚货币单位)的潜在损失,结合通行费的收入,该工程的收益远远大于预期。此外,联邦和市政府还投资 1. 4 亿令吉用于维护防洪塘和主排水沟,4 000 万令吉用于维护和清洗河流和主排水沟,3 亿令吉用于清洗和美化河流。这些投资都是将 DRR 纳入吉隆坡市 2020 年城市结构规划、防洪减灾规划、土地利用和发展规划后所取得的成果(GFDRR,2010)。

5. 要素五:保护自然缓冲区以增强自然生态系统的保护功能

要素五要求城市管理者提高对环境变化和由生态系统退化导致灾害风险的认识,加强对关键生态系统的管理以增强其灾害韧性,并且加强现有的基于风险评估的生态系统管理。代表性地区或城市有中国湖北省、美国纽约和南非欧弗斯特兰德市(Overstrand,位于南非西开普省的奥弗贝格地区)。湖北省和纽约市都是开展基于生态系统的灾害风险管理实践的典范。湖北实施的湿地恢复计划,通过将湖泊与长江重新连接,修复了 448 km² 的湿地,可存储多达 2. 85 亿 m³ 的洪水。此后,总面积为 350 km² 的 8 个湖泊也得以相互连通,恢复湖边水闸的季节性开放,拆除或改造非法的水产养殖设施。当地政府已指定湖泊和沼泽地区为自然保护区。这项工程除了有助于防洪之外,也增强了湖泊和洪泛平原的生物多样性,进而促使渔业收入增加了 20%~30%,水质也改善到可饮用水平。纽约市由于排水系统老化,未经处理的雨水和污水经常涌入街道,大量污水直接流入河流,极易造成水体污染。改造传统的排水系统预计耗资 68 亿美元,但纽约市投资了 53 亿美元在屋顶、街道和人行道的绿色基础设施建设方面。新的绿地可吸收更多雨水,减轻城市污水系统的负担,改善空气质量,水和能源成本也因此下降。

欧弗斯特兰德市在应对日益增加的干旱风险方面有丰富经验。自 1997 年以来,该市的降雨量持续下降,叠加气候变化可能带来的降雨模式改变和极端温度,其首府 Hermanus 预计将面临水资源短缺的风险。为此,市政府通过了一项综合水资源管理和发展方案,该方案借鉴了南非国家水务和林业部制定的国家政策与相关立法。随着公众对干旱风险的认识日益增强,该市政府制定了两项长期战略:更好地管理用水需求和寻找额外的可持续水源。在仔细分析了各种方案后,开始了地下水钻探工作以探寻新的当地水源。地方政府的长期协调作用对于实施这样一个由国家和省级水机构、区域生物多样性保护研究所和社区组织共同参与的方案至关重要。通过建立参与性监测委员会和编制基础数据，减少了利益攸关方对地下水开采的担忧和怀疑。

6. 要素六：加强制度/体制的韧性

要素六要求城市确定脆弱性（Vulnerability）的具体性质，并进行分类制图，以加强对灾害管理和韧性建设的参与程度，同时要确保利益相关者之间数据和灾害风险信息的一致性。代表性城市如泰国和圣特克拉（Santa Tecla，萨尔瓦多）。泰国政府发起了一项贫民窟和棚户区改造倡议——Baan Mankong，拟改善非正规居民点的生存环境并降低潜在风险。这一保障性住房方案以基础设施补贴和住房贷款的形式直接向非正规居住区的低收入居民或其所在的社区组织提供资金。这些资金几乎全部来自国内（包括国家政府、地方政府和社区）捐款。该方案中，非正规居住区的居民可以通过多种方式获得合法的土地保有权。例如，直接从土地所有者那里购买（由政府贷款支持），协商社区租赁，同意迁往政府提供的另一地点，或和其他土地所有人交换土地使用权（也可称为土地共享）。

圣特克拉是萨尔瓦多首都圣萨尔瓦多大都市区的一部分，该市在 2001 年曾发生了两次地震。在短短 5 秒钟内，泥石流造成 700 多人死亡，20% 的城市人口流离失所，38% 的基础设施严重受损。房地产价格也因此暴跌。地震灾害过后，该市意识到要以责任制和可持续的方式管理土地，并且制定了重建城市的"十年计划"和可持续发展长期规划——风险敏感的城市发展规划。在规划的制定过程中，政府鼓励市民积极参与，并且通过 Mesas de Ciudadanos（公民团体）将利益相关方组织起来，为城市未来的发展建言献策。

7. 要素七：理解及强化御灾中的社会能力

要素七要求城市在地方一级建立装备精良的应急单位，开发减轻风险和提高韧性的信息共享平台，建立和维护灾害准备和响应的开放式数据系统。将 DRR 和韧性建设纳入正规教育与相关培训计划中，通过商业活动和媒体平台进行传播，以提高公众的风险教育水平和意识。代表性案例是日本儿童和社区"山区和城市风险"观察学习计划和城市的灾难安全日纪念活动。日本的灾害教育早在幼儿园就开始了，灾害应急响应教育结合定期演习和"灾难观察（Disaster Watches）"活动，以提升公众的灾害反应能力。2004 年，日本 Saijo 市遭遇创纪录的台风袭击，造成城区地面塌陷和山体滑坡。Saijo 市的人口老龄化问题比较严重（年轻人对社区互助和应急准备系统至关重要），加之城市位于特殊的地理环境中（丘陵山区、一半是农村地区和偏僻村庄），加剧了台风灾害的潜在影响。为此，Saijo 市政府实施了一项针对在校儿童的风险意识提升方案——"看山"和"看镇（Mountain-Watching and Town-Watching）"项目。该项目对 12 岁的孩子进行实地的风险教育，让年轻的城市居民与老年人共同了解城市面临的风险。政府还制定了"山城观摩"手册（"Mountain- and Town-watching" Handbook），成立了灾害教育教师协会和儿童防灾俱乐部。

在尼泊尔，1 月 15 日是 1934 年大地震的纪念日。在首都加德满都，政府领导人和知名人士会通过街头游行、安全建设展览、街头表演、互动研讨会、海报、艺术展览以及儿童演讲比赛等活动来纪念这一事件。地震模拟演练则是纪念日活动的重头戏，公众积极参与，媒体广泛报道。国家和地方政府在这一事件中具有强烈的主人翁意识和领导能力。日本每年的 9 月 1 日是 1923 年关东大地震纪念日，在这一天，许多学生会参观神户地震纪念馆。中国则将 5 月 12 日定为全国灾害安全日，以纪念 2008 年汶川地震。斯里兰卡拉特纳普拉市和菲律宾达古潘市也在当地历史事件纪念日举行灾难安全教育活动。

8. 要素八：提高基础设施韧性

要素八要求充分评估城市关键基础设施的能力和适宜性，加强/改造脆弱的基础设施，与环境管理人员和私营部门建立联盟，认识到灾时和灾后优先服务的对象及其关联性。代表性案例如开曼群岛医疗设施韧性提升工程和"医院安全指数（Hospital Safety Index）"的广泛应用。开曼群岛是受大西洋飓风袭击最频繁的地区之一，2004 年，强飓风"伊万"袭击了最大的岛屿——大开曼岛，岛上 90％的建筑物受损，一些地区的电力、水和通讯中断了数月之久。此次飓风灾害之后，该岛开启了大规模的重建工程，在《减轻灾害风险国家战略框架》下，卫生服务局解决了结构性、非结构性、职能和劳动力等问题。例如，按照第 5 类飓风标准建造的拥有 124 个床位的开曼群岛医院（该地区的主要医疗机构）在"伊万"飓风期间和之后仍能正常运行，为 1 000 多人提供了临时庇护所。此外，旧设施也需要按照新的当地或国际医疗设施建筑规范进行升级，在新的设计中引入降低地震风险的标准。

全球越来越多的国家和地区正在使用"医院安全指数"，来评估医疗机构的安全性，避免其在灾害中受到破坏。医院安全指数根据结构性、非结构性和功能性因素（包括医院所属的环境和卫生服务网络），为医院或卫生设施在紧急情况下的响应能力提供概要说明（Snapshot）。通过确定医院的安全指数或评分，国家和决策者将全面了解其应对重大紧急事件和灾难的能力。当然，医院安全指数不能代替成本更高但更为详细的脆弱性研究。鉴于其计算成本较低且操作简便，可考虑将其作为医院完全投资的基础步骤。目前，医院安全指数有英文、西班牙文、阿拉伯文、俄文和法文版。[①]

9. 要素九：确保有效的备灾和救灾

要素九要求城市制定和改善备灾计划，加强预警系统建设，提升城市的应急服务能力。代表性城市如雅加达（Jakarta，印度尼西亚）和马卡蒂市（Makati City，菲律宾）。雅加达建立了一个多伙伴协作的综合洪水预警系统。作为沿海城市，雅加达有 13 条入海河流面临着较高的洪水风险。城市约 40% 的区域位于海平面以下。历史上，水文气象灾害曾对沿海地区和河岸附近居民区造成严重破坏。受经常性的洪水影响，雅加达在 5 年时间里共损失了数十亿美元的建筑和基础设施投资。将风险应对措施整合到城市洪水预警系统是一个需要多个利益相关方参与的过程，并涉及到多方合作。只有协调管理每个参与方的利益和角色，才能对洪水预警系统从上到下进行升级。技术上的改进意味着可以更早发布洪水预警，而更重要的是，该系统建立并提升了备灾能力（如关键的协调中心和标准的操作程序），并通过演练测试，提高了相关机构和社区接受预警并采取措施的意愿。

马卡蒂市备灾和救灾建设的成果是成立了"紧急行动中心"。马卡蒂市位于菲律宾首都的中心，是一个充满生机的金融之都，最繁华的商务区和该国最顶级的公司都坐落于此。考虑到该市蓬勃发展的社会经济，急需对其备灾救灾能力进行改善，以确保其民众的安全。2006 年，时任市长成立了马卡蒂指挥、控制和通信中心（Makati C3），作为该市的紧急行动中心，负责监测、协调与整合灾害和紧急情况下的服务及资源。该中心采用"168"这一紧急呼叫号码，并对地理信息系统和视频监控系统在内的技术设备进行升级，来改进服务的供给能力和效率。Makati C3 通过与东盟、国际搜索与救援咨询团（INSARAG）、联合国灾害评估与协调队

---

① 参见 http://www.doh.gov.ph/hospital-safety-index。

(UNDAC)等国际组织合作,提高了其运营能力和执行标准。Makati C3 在对风险敏感的土地利用规划、基于社区的减轻灾害风险计划以及针对菲律宾巴朗加(Barangays)和其他利益相关者的能力建设计划中发挥了积极作用。同时,马卡蒂市正在尝试建立一个国家培训中心,通过该中心的服务来支持国内外其他城市的备灾和救灾服务。

10. 要素十:加速灾后恢复与更好的重建

要素十要求城市必须从各个方面解决灾后恢复问题,将受影响的人口纳入减灾需求和灾后恢复计划中,将恢复视为一个更好地重建和改善发展的机会。代表性案例是斯里兰卡的灾后重建实践项目(Ratnayake 和 Raufdeen, 2010)。该项目的工作组采用了一种创新方法——"业主驱动"的方式来支持住房重建,即直接向业主提供重建补助金,同时业主还可以通过其他方式加以补充。工作组将大多数与规划、布局、设计和施工有关的活动都委托给当地受益人,并为其提供技术支持。相较而言,在没有社区参与的情况下,采用"承包商驱动"方法开展的援助计划满意度较低,而"业主驱动"方式的住房重建可以更少的成本、更快的速度、更好的施工质量生产出更多的房屋。此外,空间标准总体上较好,设计、布局和位置更能为受益人所接受。该方案也促进了地方组织和政府机构的良好合作。

三、差异评估

为了进一步验证 MCR 实施的绩效,UNDRR 于 2018 年开展了地方政府 DRR 进展和仙台框架实施状况的在线调查,根据获得的 159 份反馈报告,评估并对比了参与 MCR 运动的城市和未参与城市的韧性建设进展(UNDRR, 2019b)。被调查的城市中,134 个签署参与了 MCR 运动(占比 84%),25 个未参与(占比 16%)。从区域分布上看,美洲城市 95 个,亚洲城市 25 个,非洲城市 16 个,欧洲城市 16 个,阿拉伯国家城市 7 个,这些城市的人口大多在 50 万人以下。参与调查的城市面临的灾害依次是:洪水(65%)、滑坡(37%)、干旱(22%)、地震(22%)、野火(21%)、技术灾害(19%)以及流行病和瘟疫(18%)。

1. 维度一:理解风险

评估和对比的第一个维度是理解风险状况,包括地方风险评估和地方风险沟通两个方面。在风险评估方面，共有 110 个城市（占比 69.18％）的地方政府开展了灾害风险评估，27 个城市尚未开展风险评估，22 个城市情况不明。完成灾害风险评估的城市中，参与 MCR 的城市在风险地图、应对能力分析、脆弱性地图、致灾因子危险性地图和风险轮廓（Risk Profile）等方面的完成率显著高于非 MCR 城市（图 4-3）。45％的风险评估基于专家意见，30％基于科学建模，3.6％两者兼用。在 2005～2018 年间，97％的地方政府进行了风险评估。其中，37％的城市每年更新评估结果，35％的城市每 2～4 年更新一次。此外，评估结果显示 54％的城市面临着新的和反复出现的风险，另有 41％的城市暴露于经常性风险中。

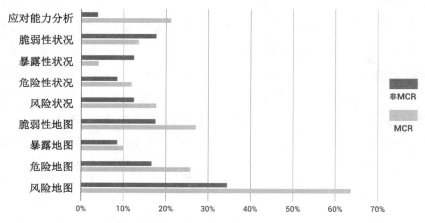

图 4-3   MCR 和非 MCR 城市风险评估结果比较（UNDRR，2019b）

风险沟通方面，70％的政府公开了灾害风险信息，以提高公众减轻灾害风险的意识。采用最多的风险沟通方式是在线社交媒体，如 Facebook、Twitter 和 Instagram，其次是报纸和传单。参与 2015 年后第二阶段 MCR 活动的城市使用社交媒体的比例相对较高（57％）。与非 MCR 城市相比，MCR 城市在灾害风险沟通方面也付出了更多的努力。

2. 维度二：地方 DRR 策略/计划

评估和对比的第二个维度是地方 DRR 策略/计划状况，包括三个方面：本地 DRR 战略/计划的制定、战略/计划中的关键要素以及用于开发 DRR 策略/计划的工具。调查显示，53％的城市已经制定了 DRR 战略（MCR 成员占比 87％），30％的政府正在制定（MCR 成员占比 86％），17％的政府尚未制定（非 MCR 成员占比

28%）。参与 MCR 的城市中，23%在 2010～2014 年间开展了 DRR 行动，63%在2015～2017 年间开展了 DRR 行动。从 DRR 战略/计划中包含的关键要素来看，减轻现有风险的措施（要素 3）进展最好，加强减灾投资以提高韧性的措施（要素 7）进展最差。MCR 城市的 DRR 战略和计划对减灾十要素的推进程度高于非 MCR城市（图 4-4）。

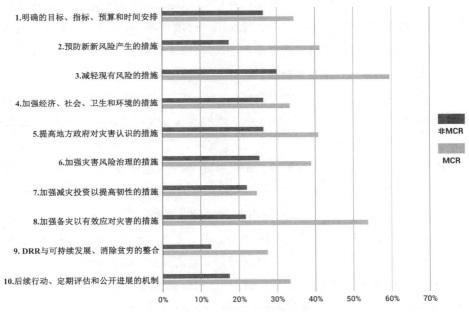

图 4-4　MCR 和非 MCR 城市 DRR 战略的关键要素比较（UNDRR，2019b）

　　在制定 DRR 策略/计划的过程中，使用最多的评估工具是"地方政府自我评估工具（LG-SAT）"，其次是"城市灾害韧性记分卡"，100 RC、World Bank、UN-Habitat 等提供的城市韧性评估工具也有所涉及。此外，多数城市尚未使用任何测评工具进行韧性城市建设水平的评估。

3. 维度三：实现 DRR 行动

　　评估和对比的第三个维度是实现 DRR 的行动状况，包括 DRR 战略的实施、地方 DRR 行动的选择和影响、DRR 的地方伙伴关系、对地方 DRR 的外部支持等方面。在制定和实施 DRR 战略的城市中，27.4%全面实施了 DRR 战略，而大多数城市（占比 53.4%）只实施了部分 DRR 战略，19.2%的城市尚未开始实施 DRR

战略。该比例在 MCR 和非 MCR 城市之间没有显著差异。大部分受访城市指出，战略执行不到位的原因是缺乏财政资源支持（占比 46％），其次是政府对优先事项安排的变化（22％）。地方 DRR 行动方面，风险评估（占比 60.4％）、政府官员 DRR 能力建设（占比 54.1％）、应急培训（占比 52.2％）实施状况较好。成功实施 DRR 行动的关键因素包括国内财政激励（占比 52.2％）、内部技术能力（占比 49.7％）和公民参与（占比 46.5％）。同时，调查表明 DRR 战略的实施对城市韧性的提升作用是显著的，特别是在 2015 年之前已经在第一阶段签署 MCR 活动的城市。其他积极的影响还包括：组织救灾能力提升、灾害风险多部门合作加强以及为城市管理人员提供了更多的定期培训机会。

大部分 MCR 城市（占比 60％）能够在 DRR 实施中协调各个部门。非政府组织（NGO）和民间社会组织（CSO）是地方政府实施 DRR 的主要合作伙伴（占比 41％），其次是邻近城市（占比 41％）、大学和学术机构（占比 35％）、联合国组织（占比 33％）和私营部门（占比 24.5％）。相对而言，基层组织在地方 DRR 中的参与度相对较低（占比 12.5％）。此外，有 13 个城市（占比 8.2％）没有与其他机构进行合作。公民参与方面，61％的 MCR 城市和 20％的非 MCR 城市在市民参与下以某种形式制定了地方 DRR 计划。其中，主要的参与方式为示范行动、公开研讨会和公众咨询。外部支持方面，59％的 DRR 计划是在有外部支持的情况下制定的，这些支持主要来源于国家政府和私营部门。具体而言，财政资助、人力资源和能力建设主要来自国家政府，技术支持主要来源于学术界和私营部门。

第三节 GEM——城市韧性绩效评估

由全球地震模型(GEM)基金会牵头开发的"韧性绩效记分卡(RPS)"被广泛应用于全球诸多城市的韧性绩效评估过程中(Burton 等,2017)。本节以尼泊尔的拉利特普尔市(Lalitpur City)为例,分析 RPS 如何在不同的地理空间尺度上对城市韧性进行测量和评估(Khazai 等,2018a)。拉利特普尔大都市(Lalitpur Metropolitan City,LMC)位于加德满都谷地,是尼泊尔的第三大城市。该城市所在地区面临的最大挑战之一是薄弱的供水和供电基础设施以及落后的废水和固体废物处理能力。然而,高等教育资源和就业机会吸引了大量年轻人涌入拉利特普尔市,催生了地方管理者在多个层面上提高城市韧性的兴趣。LMC 一直是区域 DRR 最活跃的行政管理机构之一,LMC 的政府官员与国家地震技术学会(NSET)等组织多年来一直致力于研究地震风险,制定和实施减灾措施。

一、RPS 实施过程

开展 RPS 的具体过程如下:首先,根据相关文献,由 LMC 的研究人员与社区灾害风险管理(DRM)专家作为核心团队制定一套针对 RPS 6 个评估维度的初始指标,这些指标全面且有针对性地描述了加德满都河谷地区的自然灾害风险的特征与演变过程;其次,通过访谈与 LMC 的利益相关者进行深度沟通,确定 RPS 的最终评估指标;最后,通过召开专题研讨会,现场实时获取参评人员对于城市韧性绩效的评估意见(参见图 3–17)。

LMC 案例中 RPS 的制定和实施经验显示:(1)韧性测评需要专业的团队来组织和实施,如核心团队(DRM 专家)、焦点小组(如地理、城市规划、土木工程专业学者和工作人员)。(2)从始至终注重与利益相关者的沟通和协作,在测评指标确认阶段,对城市专家、城市和地方官员、执法官员、非政府组织以及救济、应急组织代表等进行访谈,这个过程有助于实地考察和发现研究区风险全貌,同时促进利益相关者对 RPS 指标和评估的理解与信任,为最终的韧性测评提供基础。(3) 专题研讨会提升了 RPS 参与式测评的效果,LMC 案例研究人员在 2015 年戈尔卡地震前后分别实施 RPS 测评,参评人员分成两组,即 LMC 次级城市或社区代表(Sub-city/Ward Representatives)以及地方 DRR 和 DRM 相关部门的代表,通过远程投票设备实时显示投票结果,并且针对相关问题现场与参评人员进行沟通和交流。这种实时的、参与式测评提高了城市韧性绩效评估的可信度,提升了利益相关者的风险感知能力,加强了其与应急服务和其他机构合作降低地震风险的意愿,增强了社区意识和社会资本,为承担集体责任和积极提高城市韧性打下基础。

二、RPS 评估结果

尼泊尔在 2015 年地震前的第一次测评结果展示了利益相关者如何使用 RPS来识别韧性缺口和提高韧性的机会(图 4-5)。两组代表(LSMC 和 Wards)对 6 个评估维度的感知都表现出了一定程度的相似性(尽管对两组代表的访谈是独立且匿名进行的),拉利特普尔副大都市(Lalitpur Sub-Metropolitan City,LSMC)代表

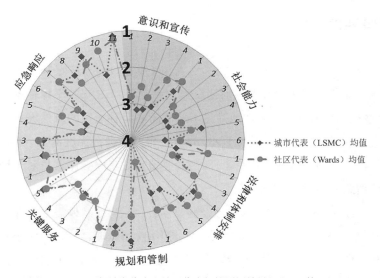

图 4-5　2014 年城市代表和社区代表韧性测评结果(Khazai 等,2018a)

在"意识和宣传"维度的测评结果较好,"关键服务"和"应急响应"维度测评结果不理想。同时,不同社区(Wards)代表的评估结果反映了特定社区韧性的优势和劣势(图4-6)。例如,7、12和22区的代表认为自身韧性级别最高,3、8、9、14、17和19区的代表认为自身不具有较高的韧性水平,10区代表认为自身韧性水平最低。这些代表的评估与实际情况比较相符,如8和9区的自来水可获取性较低(不足25%),而10和19区的自来水供给率可高达98%和97%。

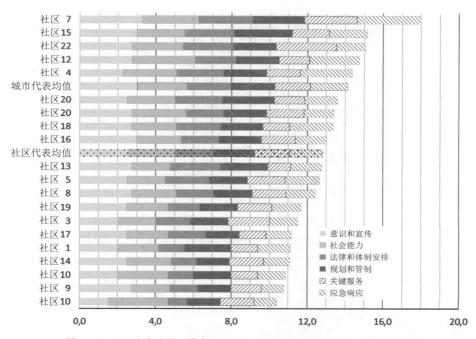

图4-6　2014年各个社区代表和LSMC的韧性测评结果(Khazai等,2018a)

在2015年尼泊尔地震后的一个月进行了韧性的后续评估(图4-7),以审查韧性变化和大规模破坏性事件对韧性自我测评的影响。2015年的测评结果显示,"社会能力"和"关键服务"韧性有所提高。2014年至2015年间,拉利特普尔市韧性变化最大的是公共信息管理("意识和宣传"维度的问题2)、预算分配和人力资源调动("应急响应"维度的问题4和5),这几个方面均表现出降低趋势。韧性水平提升主要表现在生命线修复和更换计划("关键服务"维度的问题5)和应急协调("应急响应"维度的问题3)方面(图4-8a)。不同的是,社区代表认为业务连续性("关键服务"维度的问题1)和正常运作的紧急行动中心("应急响应"维度的问题2)这两方面的韧性水平显著降低(图4-8b)。显然,地震前后该市的"社会能力"维度(社会文化纽带、公众参与、决策能力以及社会少数群体和不同种姓的参与)得到提升,且政府与非政府机构的跨部门协调、公众与政府的沟通以及私人企业之间的合作机制正在逐步形成,多部门共同采取行动让灾害准备、响应和恢复的渠道更加通畅。

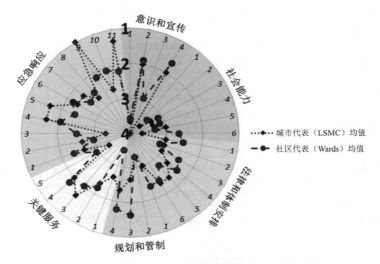

图4-7　2015年城市代表和社区代表韧性测评结果(Khazai 等,2018a)

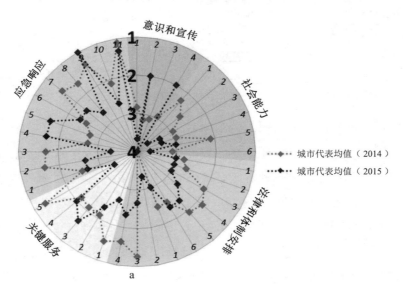

a

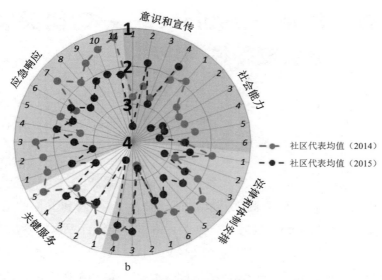

图 4 - 8　2014—2015 年城市和社区代表韧性测评结果比较(Khazai 等,2018a)

第四节　SmartResilience——智能关键基础设施韧性

SmartResilience 选取 8 个欧洲国家,对其关键基础设施(SCIs)的智能韧性进行评估(图 4-9),以便联合测试其提出的评估指标、工具和方法的适用性。SmartResilience 的测评研究包括 8 个独立案例和 1 个综合虚拟情景,分别为:ALPHA(金融系统)——英国爱丁堡市、BRAVO(智慧城市)——德国海德堡面向未来和可持续发展的社区、CHARLIE(医疗保健)——奥地利医疗体系、DELTA(机场)——匈牙利布达佩斯机场的运输基础设施、ECHO(炼油厂)——塞尔维亚尼斯(NIS)炼油工业厂、FOXTROT(水)——瑞典的饮用水供应、GOLF(运输)——爱尔兰科克智能公共交通系统、HOTEL(能源)——芬兰赫尔辛基的能源

关键基础设施/情景	案例研究	恐怖袭击	网络攻击	自然威胁	关键基础设施的特殊事件
智能城市	德国 瑞典 爱尔兰	✔	✔	✔	社会动荡、城市洪水、供水中断
智能金融	英国	(✔)	✔		网络风险、气候风险
智能医疗	奥地利	(✔)	✔	(✔)	侵犯隐私
智能能源供应系统	芬兰		(✔)	✔	燃料供应和区域供热中断
智能工业/生产工厂	塞尔维亚	(✔)	✔	(✔)	工业事故
智能交通	匈牙利	✔	(✔)		机场服务中断
集成虚拟案例研究	所有关键基础设施的综合情景	✔	✔	✔	级联效应

✔ -是　　(✔) -部分

图 4-9　SmartResilienc 智能韧性测评的案例研究

供应基础设施和 INDIA(综合研究)——整合的欧洲虚拟案例。测评案例围绕恐怖袭击、网络攻击、自然灾害威胁等特定情景展开,涉及到的 SCI 包括金融系统、医疗卫生系统、能源供应系统、工业生产系统、交通运输系统和智能城市系统。使用的主要评估方法为 5×5 韧性评估矩阵(直接韧性评估)、u/v 韧性曲线和韧性"立方体"(阶段+维度的三维柱体,也叫间接韧性评估)。此外,案例评估共使用了 230 个问题和 270 个指标(SmartResilience,2017e),不同案例中的威胁情景以及不同阶段使用的指标数量分别见图 4-10、4-11。不同威胁情景下使用的

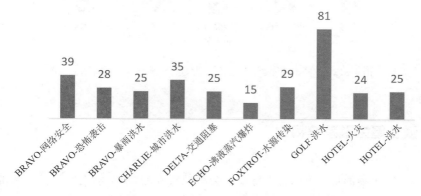

图 4-10　不同威胁情景下的评估指标数量(SmartResilience,2017e)

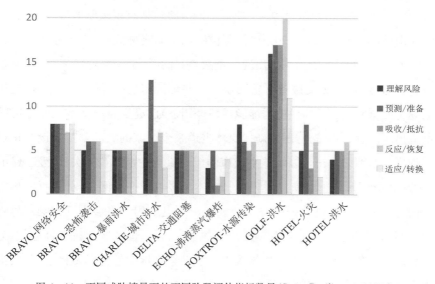

图 4-11　不同威胁情景下的不同阶段评估指标数量(SmartResilience,2017e)

案例数量见图 4－12。

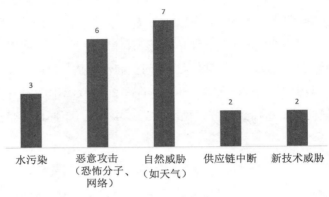

图 4－12   不同威胁情景下的评估案例数量(SmartResilience，2017e)

一、爱丁堡金融系统韧性

ALPHA 案例是由英国爱丁堡市议会组织实施的，本案例主要评估金融部门的韧性，也涉及到相关的能源供应和水供应系统韧性。智能关键基础设施为金融系统、交通运输系统和 ICT 系统，主要面临的威胁包括灾害级联效应、恐怖袭击和网络攻击(SmartResilience，2018b)。假设出现如下威胁情景：(1)经历了较长的严寒天气后，爱丁堡的电力网络出现严重故障。同时，由于交通堵塞，有轨电车和地方铁路服务暂停，公交服务严重延误。一些地区出现间断性供电，多地建筑物都响起了安全警报。苏格兰电力能源网络(SPEN)已经发布通知称某些地区的电力供应出现问题正在排查，国家新闻媒体报道整个国家的大部分基础设施正在经历某种形式的网络攻击，其后，整个城市的电力供应中断。(2)次日，爱丁堡的能源、供水和通讯系统正在恢复过程中。媒体又报道了一起网络攻击事件，称全国范围内有一系列计算机数据中心和一大批个人电脑用户将会受到影响。尽管银行、金融服务和科技公司一般是网络攻击的主要目标，但此次危机事件导致工业、医疗和政府服务都受到影响。网络攻击通过勒索病毒软件持续传播，但其攻击目的尚不清楚。一个自称"幽灵看守"的组织声称对这起事件负责，但还未经证实。

国家网络安全中心的专家称攻击可能持续波及更多用户，他们正在寻求国内相关专家的协助，以尽快侦破这起网络攻击事件。

金融部门（银行、投资和金融科技）的专家通过研讨会参与了 Alpha 案例中 SCI 智能韧性的测评工作。研讨会主要确定了韧性评估的要素、问题和指标，同时也进行了韧性水平（RL）评估以及功能水平（FL）评估和压力测试。韧性评估共包括 11 个要素和 26 个指标，具体要素和指标见表 4-1。金融系统的韧性分值为 4.92，属于优秀级别。功能水平评估和压力测试包括关键的银行引擎性能、经济实绩、全球或国际互联性、维持关键社会生活的相互依赖性这 4 个要素，相应的 FL 曲线见图 4-13、4-14、4-15 和 4-16。

表 4-1　Alpha 案例中的评估要素和指标（SmartResilience，2018b）

要　素	指　标
缺乏了解、识别和应对风险的专业技术和知识	测试系统是否有证据材料；是否确定了学习要点；是否定期采用和监测纠正措施
脆弱性专业知识需求分析	是否建立了成员专业知识判断、培训的程序；本领域专家的专业知识水平（百分比）；培训有素的专业人员是否大学毕业
系统/架构/网络防御专业知识需求分析	本领域专家的专业知识水平（百分比）
响应和恢复能力	是否有建立响应/BCM 团队最基本技术要求的流程；相关的培训要求是否为年度培训的一部分；是否进行了响应和恢复的培训；按要求进行培训的百分比；员工实际培训百分比
是否缺乏足够的变更管理	变更管理流程是否稳健
关键的银行引擎性能（如核心银行系统）	新金融产品销售数量；正在维修/维护的现有关键产品百分比；核心银行交易的价值—存款；核心银行交易的价值—付款
经济实绩	投资回报率（ROI）；销售的产品数量；股价（£）；收入（£）
全球或国际互联性	全球经济指标—汇率
维持关键社会生活的相互依赖	关键供应链有保障
财政职能	负债/资产水平
支持直通式处理（STP）的系统故障	核心银行交易数量—存款；核心银行交易数量—付款

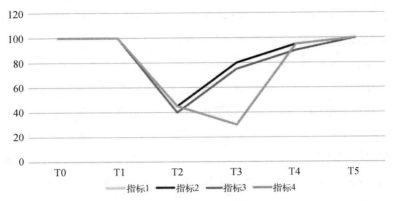

图 4-13 "关键的银行引擎性能"要素的 FL 曲线（SmartResilience，2018b）

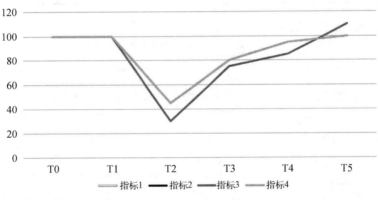

图 4-14 "经济实绩"要素的 FL 曲线（SmartResilience，2018b）

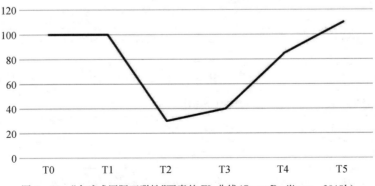

图 4-15 "全球或国际互联性"要素的 FL 曲线（SmartResilience，2018b）

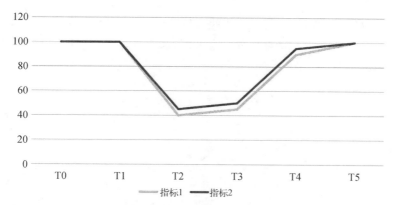

图 4 - 16　"维持关键社会生活的相互依赖"要素的 FL 曲线(SmartResilience，2018b)

二、海德堡智慧城市韧性

德国海德堡 BRAVO 案例采用桌面测试(Table Top Exercise)的方式进行智慧城市韧性测评研究(SmartResilience，2018c)。本案例测评的关键基础设施为海德堡斯塔德韦克有限公司(Stadtwerke Heidelberg GmbH)，该公司由 9 个不同的私人企业组成，提供的主要业务包括电力、天然气、水、医疗、公共泳池和山地电车。Stadtwerke 是海德堡市最大的雇主之一，2016 年拥有超过 1 000 名员工，其年销售额达 2.701 亿欧元。海德堡数字代理公司(Digital Agentur Heidelberg)是海德堡市与 Stadtwerke 公司成立的合资企业，负责推动海德堡智慧城市的建设和发展。目前，Stadtwerke 公司使用的智能技术包括太阳能砖、建筑物光伏集成、电压稳定性分析应用、发展中社区的智能照明、光纤和智能计量。物联网基础设施的使用还处于概念验证的早期阶段。大多数智能技术尚未完全应用于关键基础设施中。

在 BRAVO 案例中，海德堡市面临的主要威胁是网络攻击，表现为数据泄露、恶意软件、间谍程序、病毒、勒索软件。假设出现如下的威胁情景：Stadtwerke 旗下的信息科技(IT)和能源(Energy)公司注意到海德堡巴赫施塔特区的能源消耗较高，经过核实为智能电表系统遭到黑客攻击，导致能源需求高出正常水平。黑客入侵导致所有使用智能电表的家庭断电。测评过程使用了 6 个问题和 9 个指标

（表4-2），评估结果包括功能水平和韧性水平，其中关键基础设施受到网络攻击的FL曲线见图4-17，总体韧性分值为4.27，属于良好水平。具体不同阶段和维度的韧性分值见图4-18。

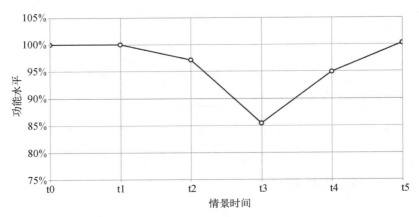

图4-17　BRAVO案例关键基础设施的FL曲线（SmartResilience，2018c）

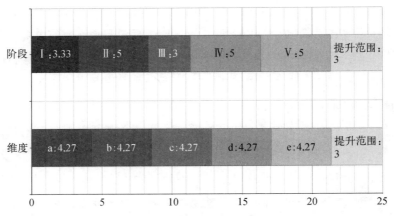

图4-18　BRAVO案例不同阶段和维度的韧性分值（SmartResilience，2018c）

表4-2　BRAVO案例中的评估问题和指标（SmartResilience，2018c）

维　度	问　题	指　　　标
理解风险	企业安全文化	年度安全教育和意识培训次数、防火墙更新频率、是否有应急演习。
预测/准备	决策制定	停止工作时是否有通讯计划。
	数据存储	操作数据保存的位置数量。

续　表

维　度	问　题	指　标
吸收/抵抗	业务中断	是否有自动的功能中断应对机制。
反应/恢复	互联性	整个系统的结构是否是网状的。
适应/转换	持续改进	是否有事故报告程序、危机发生后是否需要全面审查。

三、奥地利医疗体系韧性

奥地利的医疗保健系统包含有约 20 000 家不同的医疗保健提供者,2016 年服务产值达 396 亿欧元,占奥地利 GDP 的 11.2%。约 120 家医院和约 5 000 家初级保健机构为奥地利提供强制性的社会保险服务。其中,维也纳总医院是欧洲最大的医院,拥有大约 9 000 名员工,每年治疗大约 95 000 名住院患者。CHARLIE 案例主要测评奥地利的住院和门诊医疗保健设施的韧性水平(SmartResilience,2018d)。奥地利医疗保健系统的智能性表现在共享电子健康记录方面,如建立医疗服务数据集,包含了绝大多数患者在过去几年中接受医疗服务的详细信息以及医疗保健系统的运营(盈余或超负荷)状况等。本案例研究如何使用医疗系统常规创建的大型数据集来评估和提高其韧性水平。奥地利的医疗体系面临的主要困境是医疗支出的增长速度大于国民收入的增长速度,导致其医疗卫生系统表现出不可持续性。同时,奥地利的医疗保健系统还可能面临其他威胁,如网络攻击(使某些医疗供应商无法运营)、自然灾害威胁(例如城市洪水)以及特殊情况下的患者数量激增状况等。

假设出现如下的威胁情景: 在奥地利的特定地区,患者数量突然激增。由于患者可以自由选择就诊机构,因此,当一个或多个医疗保健机构无法接纳更多的患者数量时(可能的原因包括城市洪水、健康信息系统受到网络攻击、金融危机后医疗机构缩减等),就会导致大批患者无法正常就医,甚至可能产生系统性的级联效应(由最初的局部供给不足发展到区域医疗服务混乱)。CHARLIE 案例基于奥地利医疗卫生系统平台和数据库,集成 SmartResilience 的候选要素、问题和指标。评估结果显示,奥地利医疗系统的韧性分值为 4.19,属于优秀水平。韧性分值的空间、阶段和维度分布分别见图4-19和4-20。

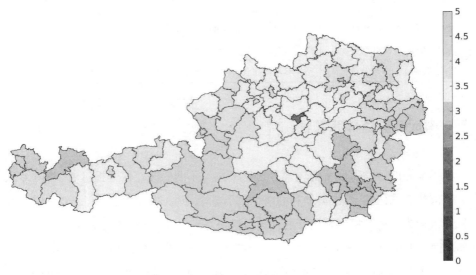

图4-19 CHARLIE案例韧性分值的空间分布（SmartResilience，2018d）

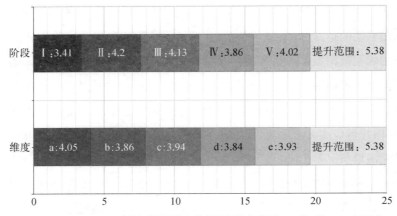

图4-20 CHARLIE案例不同阶段和维度的韧性分值（SmartResilience，2018d）

四、布达佩斯机场韧性

李斯特·费伦茨（Liszt Ferenc）国际机场是匈牙利首都布达佩斯最大的国际

机场,总占地面积约为 1 505 万平方米。该机场以商用(客运、货运)为主,偶尔为军用飞机提供服务(如巴尔干战争中的 KC‐130)。2016 年,机场民航共接待旅客 1 140 多万人次,航班 9 万多架次,货物 11.2 万吨。该机场拥有一个 5 级安全检查系统,分别是国家安全、公共安全、旅客安全、边境安全和海关检查。该机场的空中交通堵塞会对该国及相关机场产生重大影响。该机场的智能性表现为城市交通管理、空中交通管制系统和航空公司之间的信息交换。机场综合系统由信息与控制中心负责,地面服务公司通过内部信息连接与综合系统相连。智能化运营的目标是优化单个流程和机场整体运营效率,同时提供实时的有用信息,提高服务的可靠性和乘客满意度。

　　DELTA 案例假设出现两个威胁情景(SmartResilience,2018e):第 1 种威胁是一种混合攻击,即通过网络攻击机场的灭火和报警系统;第 2 个威胁是机场周围出现突发性污染,警察必须将所有乘客转移到客运站的安全区域,待空气净化后对乘客进行疏散。这个案例需要评估的内容有:机场保安、空中交通、业务连续性、灾难恢复,评估要素包括人身威胁、网络威胁、交通阻塞、分流疏散、转移、疏散和恢复,具体的评估指标包括人员伤亡、室内定位、乘客数、通道吞吐量、空闲时间(传感器区域未检测到个体移动)、通讯、协作、遥感覆盖、职工人数、职员工作方法培训、程序(法律或其他)、货物(t /天)、每小时离港航班数、事故率、收入损失数。测评结果显示,韧性分值为 2.92,属于一般水平,FL 曲线见图 4‐21。

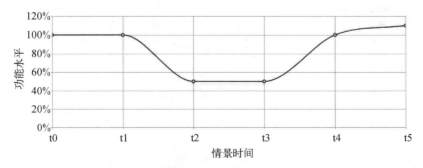

图 4‐21　DELTA 案例关键基础设施的 FL 曲线(SmartResilience,2018e)

五、塞尔维亚炼油厂韧性

ECHO 案例选择塞尔维亚潘切沃市（Pančevo）及其南部工业区，围绕工业关键基础设施开展韧性测评研究（SmartResilience，2018f）。本案例中，关键基础设施是炼油厂，评估对象（单元）是含有危险和易燃物的压力容器球罐。这一类评估至关重要，因为在热电厂中，如果发生意外事故，将在整个炼油厂的功能体系和当地企业的生产中形成多米诺效应。关键绩效指标包括资产完整性、过程安全性、生产单位的环境影响和应急响应。ECHO 案例中，关键基础设施的智能性表现为综合管理计划，即将技术、程序和管理实践结合起来，旨在将生产过程中有毒、易燃、易爆的高危化学品（HHCs）泄露导致的灾难性后果降到最低。关键的智能技术组件是分布式控制系统（DCS），DCS 可以连接到传感器和执行器，并使用设定值来控制通过工厂的物料流动量。将控制设备安装在工艺设备附近，并进行远程监控，从而提高了系统的可靠性。

本案例中，炼油厂可能面临的威胁包括恐怖袭击、网络攻击和新技术事故等。假设的情景是沸腾液体膨胀导致蒸汽爆炸（BLEVE），这是该公司《安全保管》中认定的后果最为严重的重大事故。BLEVE 包括液化石油气从 1 000 m^3 的球形容器中泄露、点燃和爆炸的全过程。测评结果显示，韧性分值为 4.06，属于优秀水平。FL 曲线见图 4 - 22，不同阶段和维度的韧性分值见图 4 - 23。

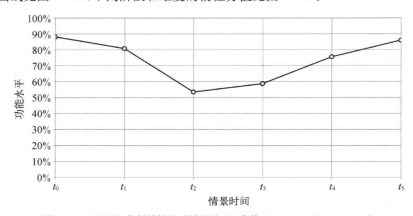

图 4 - 22　ECHO 案例关键基础设施的 FL 曲线（SmartResilience，2018f）

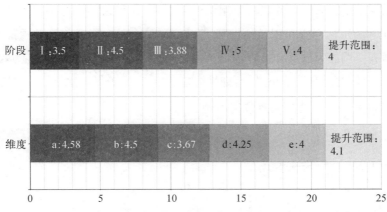

图 4 - 23　ECHO 案例不同阶段和维度的韧性分值(SmartResilience，2018f)

六、瑞典饮用水应供韧性

FOXTROT 案例是在水源地微生物爆发时，针对中型城镇的饮用水系统进行韧性测评(SmartResilience，2018g)。参与测评的机构和专家有瑞典民事应急机构(MSB)、食品机构、市消防部门以及几家大、小型的饮用水生产商和经销商。众所周知，水供应系统是关系到居民用水、医疗卫生等诸多方面的关键基础设施。瑞典一半的饮用水是由大型地表水工厂生产的，1 750 个自来水厂中，大多数是小型地表水工厂。目前，饮用水部门使用的智能技术有：综合管理系统(包括监测与数据获取系统、水处理系统、微生物处理系统、膜生物反应器系统、水分布控制系统等)、智能 ICT、基于 web 和智能计算的解决方案、大数据/开放数据生产技术、微纳米生物系统(MNBS)、微型传感器和微型执行器等。

供水系统面临的主要威胁是水传播疾病的爆发。本案例中，暴雨和洪水将未经处理的、含有微生物的污水冲入饮用水源地，高温加快了微生物的生长速度，由此引发了水源污染和疾病传播。假设瑞典一个中等规模城市拥有不超过 15 000人，城市的一个自来水厂可为大约 1 万人提供饮用水。持续性大雨引发了洪水，导致许多低洼地区(如道路、隧道和地下室等)被淹。其中一个污水厂由于停电而失去污水处理和自动控制功能，且不断增加的污水加剧了净水厂的洪灾风险。此外，供水系统出现问题导致正常饮用水产能受限，使得诸如医疗保健等其它行业也受到严重影响。本案例中的测评要素有 3 个，分别为管理危机的内部组织能力、沟通和协调能力以及有效管理危机的可靠性和快速获取信息的能力，并相应地设置 7 个问题。测评结果显示，韧性分值为 3.3，属于良好水平。FL 曲线见图 4－24，不同阶段和维度的韧性分值见图 4－25。

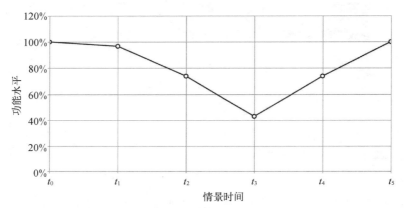

图 4－24　FOXTROT 案例关键基础设施的 FL 曲线（SmartResilience，2018g）

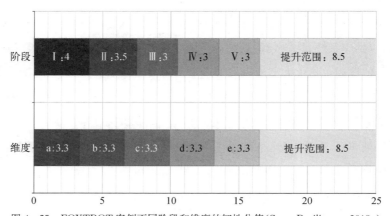

图 4－25　FOXTROT 案例不同阶段和维度的韧性分值（SmartResilience，2018g）

七、科克智能公交系统韧性

科克市是爱尔兰第二大人口城市，位于潮汐河口的下游末端，经常面临潮汐和河流洪水的影响(SmartResilience，2019c)。GOLF 案例中的主要威胁为潮汐洪水和河流洪水事件，与之密切相关的关键基础设施包括能源供应系统、医疗卫生系统、交通运输系统、水供应系统等。本案例不仅评估了关键基础设施的韧性，还考虑了洪水威胁对本地商业、大学教育和商业区的影响。此案例中，关键基础设施的智能韧性表现为预测洪水的建模解决方案、大众传媒的智能沟通方法、水指标数据获取和共享方法以及河水监测传感器、沟壑监测解决方案等。假设的威胁情景为一次暴雨洪水过程，观察相关部门在预测、准备、吸收、抵抗以及响应和恢复等不同阶段所做的全部工作。在测评过程中，根据不同阶段相应地设置了评估问题和指标(表 4-3)。测评结果显示，韧性分值为 3.08，属于良好水平。具体到理解风险、预测/准备、吸收/抵抗、反应/恢复、适应/转换五个阶段的韧性分值分别为 3.62、3.10、3.14、2.94 和 2.59。

表 4-3　GOLF 案例中的评估问题和指标(SmartResilience，2019c)

维　度	问　题	指　标
理解风险	计划缺失	是否有洪水应急计划；自动水位计数量；水泵房实施的防洪等级；改善防洪设施的补救工程数目。
	关键数据来源缺失	是否存在泛滥平原地图；是否提供天气预报数据。
	关键数据模型缺失	洪水分类和预期影响模型；波浪建模预测信息；天气预报模型；风速和风向信息。
	组织风险管理缺失	企业风险登记是否包含洪水灾害；洪水评估和管理研究项目是否存在。
	社区参与缺失	是否有市民防备恶劣天气的宣传单。
	缺乏协调	是否设有机构间办公室来管理通讯。
	洪灾脆弱性	暴露于潮汐洪水的区域；近 5 年潮汐洪水事件；洪水造成的交通影响问题。
预测/准备	洪水意识	与洪水紧急情况有关的演习/活动次数。
	准备	河道屏障数目；可用的凝胶和沙袋数量；可用于疏散的船只和拖拉机的数量；河道筛网检查次数；防洪交通管理计划数量；道路交通标志的数量；现有的河流和潮汐测量仪数量。
	关键数据来源缺失	河坝流量；预测天气水平(PAL)；可用的 OPW 洪水地图数量。
	关键数据模型缺失	——
	组织风险管理缺失	——

续 表

维　度	问　题	指　　标
预测/准备	备灾审查	洪水评估小组评估的风险等级；有多少针对高危综合体的事前计划；公共计数器监视器数；运行关键站点（如医院）每天所需的水量。
	市民备灾	公众对洪灾的教育意识水平；车辆管理标志可用性；是否有煮沸水的通知程序；可每天进行的供水试验。
	组织准备	对洪灾的清晰角色和职责定义；正式待命程序到位；是否存在住房备用计划；确定的疏散人员避难所数量。
吸收/抵抗	保护措施能力	防洪设施的范围；贮水池容量；备用能源供应的数量和使用时数；可供应的物料；沟道维修人员数；是否计划更换旧的抽水设备；可用疏散中心数量。
	关键数据模型缺失	从大坝预警到城市洪水的时间；确定可能洪水的管理信息分析。
	计划缺失	是否存在公民应急计划；是否存在住房备用计划；是否存在洪水交通管理计划。
	社区承受能力	可用疏散中心数量；企业的防洪讲习班数量；恶劣天气警报；洪水前主动封闭道路。
反应/恢复	社区承受能力	——
	计划缺失	——
	响应效率	为方便公共交通封锁水淹地区；交通管制单位的保护级别；供水/排水系统的维修人员数目。
	恢复效率	——
	关键数据来源缺失	防洪及雨量监测数据；公众提出的与水有关的服务请求数量。
	关键数据模型缺失	测绘水网和排水导网；受淹道路重启的时间。
	组织响应能力	参与洪水管理的机构和员工数量；应对洪水危机的人员数量；道路重开规划的优先级别；可用于沟道维修的人员数量。
	社区沟通响应能力	警报系统的关注者数量；沟通渠道数量；社交媒体总数。
	通讯的支持措施	国防部队的支援；可用沟道维修人员数量。
	关键基础设施保护	受保护的关键设施数量；可用的关键备件数量。
	反应计划执行	科克市议会是否启动洪水应急计划；机构间指导小组会议次数。
适应/转换	经验教训	移动能源供应（发电机）到更高的地方；检查备件的库存水平；如果泵站被水淹没，则为备用电源提供连接器；泵房是否重新设计以提供被动保护。
	关键数据来源缺失	危机期间记录的服务请求审核。

续　表

维　度	问　题	指　标
适应/转换	组织经验	关于演习和实际洪水事件的汇报和审查报告；制定建议并进行成本核算；事后检讨防洪交通计划。
	社区参与的经验	交通公共通信选项审查。
	决策制定审查	辨识更好的洪水/水管理信息系统。

八、赫尔辛基能源供应设施韧性

　　HOTEL 案例设定的情景是，在冬季寒冷期，芬兰赫尔辛基市一家发电厂（区域供暖的供应节点）的地下燃料库发生火灾，引发的一系列问题可能会严重影响区域暖气的供应，因此，开展了功能评估、韧性水平评估和多准则决策评估三个方面的研究（SmartResilience，2019d）。本案例中，地下燃料存储是赫尔辛基市区域供热系统中一家大型发电厂的主要能源，冬季供暖中断对医院、养老院等关键场所以及普通家庭都有可能造成严重影响。由于冬季气温相对较低（赫尔辛基 2 月平均气温为 −6℃，冬季平均气温为 −10℃，1987 年的历史最低气温为 −34℃），如果区域供暖系统无法使用，很难找到其他替代方案。芬兰认为所有区域的供暖机构都是重要的基础设施。本案例中的关键基础设施的智能性表现为：（1）除基于网络的负载指标（计量流量和出水/回水温度）外，还可以根据每日和每小时的天气预报来准备系统容量，即联网电厂和供热网的状况、可用性和生产力；（2）使用温度和气体传感器进行监控，以尽早预警正在出现的存储设备发热；（3）及时监控和校准用于火灾早期探测的存储传感器；（4）监视客户/社交媒体的反应、投诉和其他响应，包括在其他监视系统未指示或未完全覆盖的位置显示的潜在干扰或其他显著事件的发展迹象。

　　本案例中的主要威胁是大型封闭式地下燃料存储带来的威胁（比起传统的存储系统，更容易产生易燃的隐性燃料火灾）和极端寒冷天气。在本案例假设的威胁情景下，随着储存的生物质衍生固体燃料比例增加，着火的可能性会更高。从着火开始到恢复正常需要的时间约为 300 小时，不同阶段设置的评估问题和指标见表 4 − 4。测评结果显示，韧性分值为 4.32，属于优秀水平，FL 曲线见图 4 − 26，不同阶段和维度的韧性分值见图 4 - 27。

表 4 - 4   HOTEL 案例中的评估问题和指标(SmartResilience，2019d)

维　度	问　题	指　标
理解风险	事故频率	什么是事故频率。
	火灾风险评估	是否进行火灾风险评估。
	风险评估的管理审查	是否进行风险评估的年度管理审查。
	关于事件的报告和投诉	是否对外部报告和投诉进行了年度评估；有多少外部事件报告和投诉。
预测/准备	通讯	是否有足够的内部和外部沟通的指导方针；是否对通讯政策进行审查。
	传感器检查	传感器是否已根据指引进行检查和校准。
	计划和规程的管理审查	是否进行连续性计划的管理审查；是否审查进行的应急方案。
	社会和政治风险	是否进行社会和政治风险评估。
	着火敏感性	引发火灾的那批燃料储存了多长时间；是否显示燃油温度过高；是否对批次的燃料质量敏感。
吸收/抵抗	过热批次储存时间	引发火灾的那批燃料储存了多长时间。
	气味检测	检测器是否监测到着火气味。
	燃油改向经验	燃料是否重新接通。
	燃料源开关	可供选择的筒仓数量；是否有燃油储存；是否有来自另一家工厂的煤炭储存燃料。
	着火敏感性	是否显示燃油温度过高。
	将加热的燃油重新导向燃烧	将燃料重新导向燃烧的频率是多少。
反应/恢复	灭火措施	灭火次数。
	需要替代燃料的事故	需要替代燃料的事故数。
	灭火时间	灭火时间。
	响应/恢复的绩效评估	是否进行响应/恢复的绩效评估。
	火灾导致系统不可用	系统不可用比例。
	恢复功能的时间	恢复燃料供给所需的时间；修复损坏所需的时间。
适应/转换	总结经验教训	是否对所吸取的教训进行了年度回顾。
	协议审查	是否进行协议的年度审查。

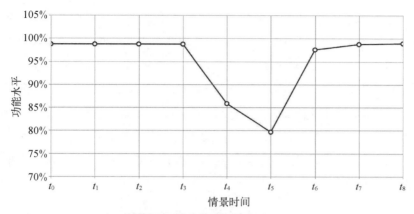

图 4-26　HOTEL 案例关键基础设施的 FL 曲线（SmartResilience，2019d）

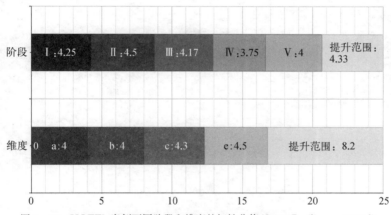

图 4-27　HOTEL 案例不同阶段和维度的韧性分值（SmartResilience，2019d）

九、欧洲集成虚拟智能城市韧性

欧洲集成虚拟案例 INDIA 将 ALPHA 至 HOTEL 的案例合并到一个综合的虚拟情景中，假设 SCIs 是 BRAVO 虚拟城市的智能关键基础设施（SmartResilience，2019e）。本案例侧重评估 SCIs 在相互依赖和级联效应情况下的韧性水平。在本案例中，BRAVO 拥有 12 000 人口，1 260 栋建筑，总面积约 116 公顷。它位于沿海地区，建在 GOLF 河的两岸，拥有一个国际机场，是多式联运的重要枢纽，在金融、交通和能源领域的商业活动十分活跃。这个城市有一个重要的国家金融系统运营商的分支机构——ALPHA 银行。其卫生服务由一家小型医院和国家卫生系统CHARLIE 运营的 GP 地区部门提供。城镇中心在 GOLF 河右岸，上游是FOXTROT 水库，左岸是 ECHO 工业生产基地（一座大型综合大楼），拥有不同的石化生产设施以及药品研发实验室。与工业基地相邻的是 DELTA 机场，该机场的年客运量约为 1 200 万人次，货运量约为 13 万吨。在右岸的下游，有一个由HOTEL 公司运营的能源供应系统的全自动地下燃料储存库。整个虚拟城市的地理情景见图 4‑28。

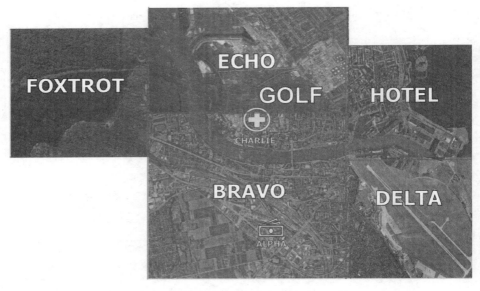

图 4‑28　INDIA 案例构建的虚拟智能城市关键基础设施布局（SmartResilience，2019e）

　　该案例中 SCIs 面临的威胁为工业生产事故以及由此导致的火灾和爆炸，在此过程中工业设施还会向空气中释放有毒羽状物，被风吹到城市和机场，同时大雨导致洪水泛滥。本案例中韧性测评的要素、问题和指标根据之前 8 个案例的结果选择性使用。测评结果涉及医疗、能源、工业和供水四个方面，相应的 FL 曲线分别见图 4‑29、图 4‑30、图 4‑31 和图 4‑32。INDIA 案例搭建了一个较为真实的威胁情景，因此，可以从多方面测评智能城市 SCIs 的智能韧性。

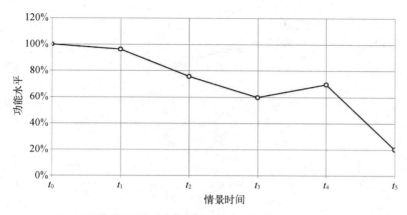

图 4 - 29　INDIA 案例医疗关键基础设施的 FL 曲线（SmartResilience，2019e）

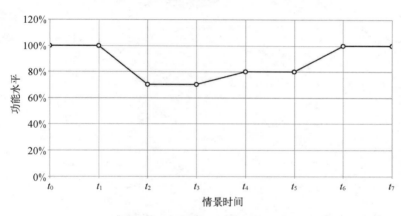

图 4 - 30　INDIA 案例能源关键基础设施的 FL 曲线（SmartResilience，2019e）

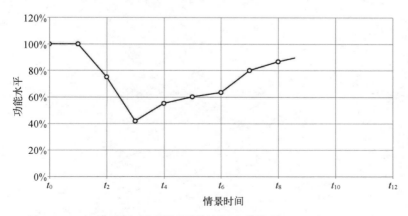

图 4 - 31　INDIA 案例工业关键基础设施的 FL 曲线（SmartResilience，2019e）

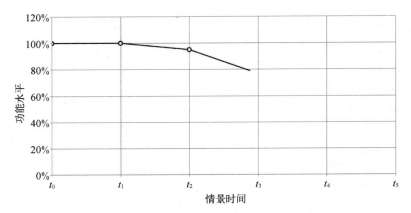

图 4 - 32   INDIA 案例供水关键基础设施的 FL 曲线（SmartResilience，2019e）

第五章

灾害风险视角的城市韧性建设思考

图 5-0　菲律宾奎松市城市灾害风险指数(UDRi)评级研讨会

Local governments and city stakeholders need to have a clear understanding of the urban risk and resilience conditions and trends. It will enhance their ability manage available risk reduction and risk management options. In the age of multiple data layers，indicators turn data into relevant information for decision-makers and public officials，which contributes to improved disaster risk management and policy development.

—— Bijan Khazai（Senior research scientist at Karlsruhe Institute of Technology's Center for Disaster Management and Risk Reduction Technology）

地方政府和城市利益相关者需要清楚地了解城市风险和韧性的特征与趋势，这有助于他们提高降低风险和管理风险的能力。在多数据层时代，指标数据被转化为决策者和公职人员可利用的信息，有助于加强灾害风险管理和政策制定。

—— 比詹·哈扎伊（德国卡尔斯鲁厄理工学院灾害管理和风险减轻技术中心高级研究员，EMI 首席科学家）

第一节 灾害风险防范与城市韧性关系

21世纪以来,受气候变化、经济全球化等自然和经济社会因素的耦合影响,全球极端天气气候事件及其次生灾害呈增加趋势,自然灾害的突发性、异常性和复杂性不断增加。城市是融汇自然、社会、经济为一体的复杂巨系统。它既是创新的策源地、社会经济发展的强大引擎和关键枢纽,也是巨灾风险高度集聚与巨灾多发区域(Dickson等,2012)。一直以来,城市作为防灾减灾救灾的重点区域,其综合防灾能力越来越受到重视,尤其是新型城镇化快速推进以来,城市规模不断扩大,城市安全备受关注。我国目前尚处于工业化的中后期,城市化进程处于中期加速阶段,这一阶段也是城市化从高速扩张到高质量提升的关键时期,如何摆脱快速城市化对灾害风险的驱动效应,进而凸显高质量城市化对灾害风险的减缓作用和适应能力,是当前国内学者面临的一个重要议题。

随着联合国减少灾害风险(Disaster Risk Reduction,DRR)理念的发展和实践,我国逐渐形成了较为稳定的防灾减灾救灾管理体系,如国家综合防灾减灾救灾逐步实现了统一领导、分级负责、属地为主、社会力量广泛参与的灾害管理体制,逐步完善了灾害应急响应、灾情会商、专家咨询、信息共享和社会动员的灾害应对机制。然而,目前仍存在城市灾害综合风险防范的理论与实践无法满足现实需求的问题,如防灾理念强调减少灾害损失而忽视减轻灾害风险,防灾规划侧重应对单一灾种而缺乏综合减灾考量,灾害应急注重灾后救助而轻视灾前预防,风险治理存在结构性和非结构性壁垒等。事实上,加强工程防灾减灾救灾能力建设,提高城市建筑和基础设施抗灾能力依然是当前我国城市应对灾害风险的主要措施(国务院办公厅,2016),而非结构式减灾和非工程性治理措施对城市综合风险的防范效用尚未受到足够重视(周利敏,2013;王峤等,2018)。

面对城市灾害的高频度、群发性和复杂性特征,多灾种综合风险防范已成为促进区域经济发展、维护社会公共安全和实现城市可持续发展的重要举措。综合风险防范即从全灾种、全过程、全方位、全社会的视角出发，统筹政治、经济、文化和社会等多个要素进行的风险防范，强调政府、企业、社区、公众协调互动，实现安全设防、救灾救济、应急响应、风险转移的结构综合和备灾、应急、恢复、重建的功能综合（史培军，2016）。对于城市而言，实现多灾种综合风险防范必须重视城市面对灾害时的吸收、恢复和适应能力建设，因此，韧性城市的理念应运而生。城市韧性作为近年来规划领域的新兴概念，以城市本体作为研究对象，以增强城市在承受扰动时保持自身功能不被破坏的能力为主要目标，为城市综合防灾提供了新的视角。一个具有韧性的城市既能有效防御和减轻灾害事件发生及其影响，又能在突发事件发生时及时应对、灾害发生后快速恢复和积极适应。显然，灾害风险视角下的韧性城市建设是 DRR 理念和综合防灾规划实践的革新，也是实现城市多灾种综合风险防范的必由之路。

第二节　灾害风险视角的城市韧性建设内涵

一、缘起：减少灾害风险的视角转变

自然灾害是当今世界面临的重大问题之一，严重影响经济、社会的可持续发展，威胁人类的生存。对自然灾害致因和影响的分析古已有之，1990 年的"国际减轻自然灾害十年计划（International Decade for Natural Disaster Reduction, IDNDR）"首次提出"减轻自然灾害（Natural Disaster Reduction）"口号，2000 年成立的联合国国际减灾战略（United Nations International Strategy for Disaster Reduction，前期简称 ISDR，后期简称 UNISDR）在横滨战略实施后，提出"减少灾害风险（Disaster Risk Reduction，DRR）"理念。其后，随着兵库行动（HFA）和仙台框架的实施，UNISDR 更名为联合国防灾减灾署（UNDRR），并将 DRR 更新为"减少灾害风险以提高韧性（Disaster Risk Reduction for Resilience）"。事实上，近 40 年来，主导和引领灾害风险科学研究方向的正是 UNDRR 及其合作和参与者（Shi 等，2011）。灾害风险科学的研究范式和发展方向概述如下。

1. 灾害管理范式

灾害管理是 20 世纪 80 年代至 21 世纪初灾害风险科学的主要研究范式（图 5-1），即通过对自然灾害发生、发展规律的分析和灾害风险自然、社会维度的评估，探讨最大限度地减少人员伤亡和财产损失、减轻社会和经济结构破坏程度的方法和策略。在这一阶段，关于灾害风险的基本共识为：自然灾害风险来源于致灾因子的危险性和承灾体的暴露性、脆弱性，且灾害强度决定了潜在风险的大小，灾害防御能力在一定程度上能够减轻灾害风险。

事实上，20 世纪 80 年代以前，灾害的自然维度受到广泛关注，如灾害的类型特征、成灾机理、时空分布；其后，联合国救灾署（United Nations Disaster Relief Organization，UNDRO）在专家组会议报告中首次提出"风险和脆弱性分析"的概

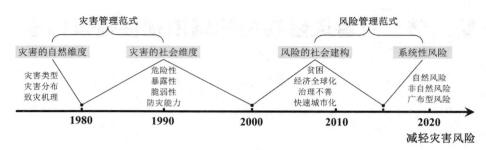

图 5 - 1   灾害风险科学的研究范式和发展方向

念（UNDRO，1979），IDNDR 持续关注自然灾害对人、经济和社会的负面影响，横滨战略进一步强调社会经济脆弱性对风险分析的重要性（United Nations，1994），由此灾害的社会维度研究进入公众视野，并成为管理学、社会学研究自然灾害问题的主要视角。与此同时，学术界对灾害自然维度的分析侧重于致灾因子危险性，灾害的社会维度的评估则侧重于承灾体的暴露性和脆弱性，前者可称为灾害的自然属性或自然脆弱性，后者为灾害的社会属性或社会脆弱性（周利敏，2012a）。

2. 风险管理范式

风险管理是本世纪初至今灾害风险科学的主流研究范式（图 5 - 1），即通过对灾害风险驱动因素（尤其是社会经济驱动因子）的辨析和致险机理的分析，探究减轻灾害风险的关键问题（如风险本源、DRR 方向等），并实施相应的风险管控手段（如前瞻性、纠正性和补偿性策略等），降低自然灾害对人、经济和社会造成的直接影响和隐性风险。目前，关于灾害风险的新兴认识为：自然灾害风险源于致灾因子危险性、承灾体暴露性和脆弱性，在当前情景或未来短期内（不超过 50 年[①]），灾害风险的主要致因为人类的经济—社会进程（如贫困和不平等、经济全球化、治理不善、快速城市化等），自然致因（如气候变化、生态系统衰退）起到促进或放大作用，对人类经济社会行为范式的干预可以减轻灾害风险。

21 世纪以来，随着一系列减轻灾害风险全球评估报告（简称 GAR）的发布，UNDRR 及其参与者逐渐意识到传统的"减轻自然灾害"方向无法显著降低灾害风险水平，DRR 的核心在于科学辨析灾害风险的关键致因。尤其是 GAR 2015 指

---

① 50 年一遇的灾害在未来 45 年内的发生概率为 60%，100 年一遇的灾害在未来 50 年内的发生概率为 40%。

出：在 IDNDR 实施 25 年和 HFA 实施 10 年后，全球性的灾害风险并没有大幅度减少，而新的风险积累速度反而超过现有风险的减缓速度。DRR 应首先明确风险的本源，给予足够的重视（UNISDR，2015）。借此，灾害管理范式中的"灾害社会维度"被重新审视，灾害的社会建构主义成为 21 世纪以来学术界探讨的热点（周利敏，2012b）。这一阶段，广布型风险[①]概念的提出进一步印证了灾害风险的社会建构过程（Gordy，2016；United Nations，2016；刘耀龙，2019）。GAR 2019 使用系统性风险（Systemic Risk）来表述当今灾害风险的特征（UNDRR，2019a），即全球经济、贸易一体化政策推动了经济增长方式的发展，经济发展在国家之间和国家内部的不均衡造成了中低收入国家[②]或发展中国家灾害风险（尤其是广布型风险）的不断产生与累积，这种因经济—社会运行而驱动的风险是系统性的、结构性的，某些风险因素引发连锁反应会影响整个系统的结构、功能和稳定性，甚至导致系统崩溃风险，因而被称为系统性风险（郑艳和张万水，2019）。显然，系统性风险具有溯源复杂、影响隐性、难以管控等特点，而减少系统性风险的关键在于建立和提高承灾体的韧性（UNDRR，2019a）。事实上，从对抗风险到接纳风险，将风险视为发展的内在属性之一，并将适应目标纳入发展规划，减轻灾害风险以提高韧性，正是 2015 年后 UNDRR 发展议程的核心。

综上所述，灾害风险科学对于风险本质和关键致因的认知经历了自然维度（自然属性、自然脆弱性、致灾因子危险性）、社会维度（社会属性、社会脆弱性、承灾体暴露性和脆弱性）和社会建构（社会建构主义、广布型风险、社会经济致因）三个阶段，相应地对社会—经济致因（驱动）的认同由必要因素、重要因素转变为关键因素，风险评估的关键词也由危险性、脆弱性过渡到灾害韧性。显然，系统性风险是灾害风险科学的最新理论成果，其与广布型风险是异名同源的（刘耀龙，

---

① 广布型风险（Extensive risk），又译为广泛型灾害风险，指严重程度低、频率高的危害事件和灾害的风险，主要但不限于与高度局部性的危害相关。在容易且经常发生局部性洪水、山体滑坡、风暴或干旱的社区，广布型风险通常很高。广布型风险往往因贫困、城市化和环境退化而加剧。与之相对应的是密集型风险（Intensive risk），又译为强势型或集中型灾害风险，指严重程度高、频率中至低的灾害的风险，主要与重大危害相关。密集型风险主要发生在大城市或人口稠密地区，大城市和人口稠密地区不仅暴露在诸如强烈地震、活火山、严重洪灾、海啸或重大风暴等重大灾害之下，而且对这些灾害都表现出高程度的脆弱性。参见《减少灾害风险指标和术语问题不限成员名额政府间专家工作组报告（A/71/644）》(2016)和《UNISDR 减轻灾害风险术语》(2009)的中文版。

② 中低收入国家参见 https：//data. worldbank. org. cn/income-level/low-and-middle-income? view＝chart.

2019)，其实质均是人类经济—社会系统发展模式（如资源过度消耗、经济无限制和不均衡增长、城市快速无序和不可持续发展等）的结果性指标（UNISDR，2015），或是内生性、社会建构的风险，因"发展"而生，并将阻碍"发展"（Gordy，2016）。同时，这些理论的提出与发展都源于 DRR 实践和未来灾害风险管理的需求，是典型的巴斯德范式研究（汪辉等，2019）。① 因此，灾害风险的主要致因是承灾体的灾害韧性；灾害风险管理和 DRR 实践的关键在于提高承灾体的韧性。

二、城市韧性：灾害风险防范和可持续发展的必然选择

城市作为人口稠密和非农业产业集聚的地理空间，正成为灾害风险的汇集地和全球 DRR 的主战场。由于农作物产量的剧增和农业对手工劳动的需求下降，从英国和西欧的工业革命开始，大量人口向城市迁移，全球开启了为期两百多年的城市化运动。从 1800 至 2010 年，全球人口增长了 6 倍，但城市人口暴增 60 倍。时至今日，城市化的脚步依然没有放慢。2007 年，全球城市人口历史上首次超过农村人口；截至 2016 年，全球城市人口有 40.27 亿，而农村人口为 34.15 亿。联合国预测，到 2050 年，城市人口将达到世界总人口的 66%，农村人口将降至 34%。② 与此同时，城市经济成为了全球人类经济活动的主阵地。据估算，全球 600 座城市贡献了世界 GDP 的 50%，2018 年，全球经济竞争力 20 强城市的 GDP 总量约为10.98 万亿美元，约占全球 GDP 总量的 15%。③ 显然，城市化既促进了经济发展和城市建设，又极大地增加了人口和资产的暴露性，加剧了面对密集型灾害的人员伤亡和经济损失风险（图 5-2）。

事实上，城市化对灾害风险的驱动作用是系统性的、多维度的（刘耀龙，2019）。在多数中低收入国家，城市化通常伴随社会、空间隔离和基础设施、服务

---

① 巴斯德范式是指以法国著名微生物学家、化学家路易斯·巴斯德（Louis Pasteur）命名的描述和反映科研过程的方法论模型，巴斯德范式下的研究致力于解决实际应用问题，在研究过程中探索问题背后的科学知识，并最终将知识成果应用到解决问题中去。

② 参见人民网国际，联合国预测：2050 年城市人口将达世界总人口的 66%，2018-03-27，http://www.sohu.com/a/226482733_630337.

③ 参见中国经济网，报告：经济竞争力 20 强城市 GDP 总量占全球 15%，2018-11-02，http://news.sina.com.cn/c/2018-11-02/doc-ihnfikve6943813.shtml.

和安全配置的不平等,二者叠加其他风险因素(如贫困、失业、疾病、犯罪等)共同驱动城市的广布型风险,加剧了灾害风险的发展态势(Satterthwaite 等,2016)。同时,经济全球化造成了中低收入国家的快速无序城市化,尤其是规划和管理不善的土地利用导致生态系统服务价值下降、水资源管理不足及人口的无序增长,最终加剧了城市及其腹地的灾害风险。此外,在大型城市中,相互关联的城市系统日益复杂,造成了灾害风险的级联和潜在的叠加效应,增加了级联灾害、级联失效等系统性风险的强度。

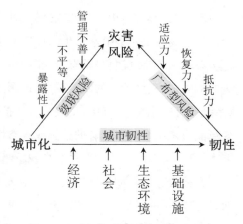

图 5-2 城市化、灾害风险和韧性的关系

如 2012 年飓风桑迪造成纽约和新泽西港口的业务中断,货物服务中止,甚至海上急救服务失效,纽约证券交易所被迫关闭两天,2 万多次航班被迫取消,全球互联网流量也受到影响(National Hurricane Center,2013)。因此,快速无序的城市化叠加经济全球化催生了灾害的系统性风险。显然,级联风险对城市减轻灾害风险和加强抗灾力投资提出更高要求,增加了灾害风险的管理难度(图 5-2)。

韧性的概念源于工程学和生态学(Holling,1996),被引入灾害学、心理学、经济学和社会学后被赋予了各自特定的内涵(Walker 等,2004;Pendall 等,2010;邵亦文和徐江,2015)。如工程韧性强调系统在出现或面对低概率故障和干扰时,维持和恢复功能稳定性的能力与特征,这种能力与特征表现为抵抗力和恢复力两个方面,重点突出恢复力,即恢复完整功能的速度越快,韧性越强;生态韧性摒弃工程韧性关于系统单一稳定状态的假设,认为生态系统难以恢复原态,受到常态扰动(或称系统固有的动态)影响后能够吸收干扰并不断调整适应,在超过原有系统扰动阈值(最大的扰动吸收量级)时构成新的稳定状态,且扰动促进了系统韧性(吸收扰动的阈值)的提高。因此,生态韧性强调系统的吸收能力和适应能力,前者类似工程韧性的抵抗力,后者包括自组织能力、学习能力和替代能力(功能冗余度)。灾害学、心理学、经济学广泛吸收了工程韧性的思想,强调承灾体、人和动物以及经济体抵抗外界干扰的能力与灾害、疾病和危机后的恢复能力;社会学则吸收生态韧性的理念，并进一步发展出社会—生态韧性（也称演进韧性）理论。社会—生态韧性批判地继承了生态韧性关于系统多态平衡的假设，提出系统往往处于多态均衡或持续演化（动态）的非均衡状态，韧性就是系统持续不断地学习和改进的能力，是一种动态的系统属性，强调面对扰动时的反应力、适应力和变革能力（系统的可转化性）。其中，反应力包括抵抗力和恢复力，适应力与生态韧性相似，变革能力是系统放弃原有的单态或多态稳定，达成新的稳态或动态非均衡状态的能力，是原有系统崩溃后新系统自我重组的能力。

在社会—生态韧性理论提出之前或灾害的社会学研究尚未成为独立研究方向时，灾害学的韧性直译为"恢复力"；而全球 DRR 的发展使得灾害的社会学视角逐渐介入，与当今风险管理范式中的"风险的社会建构"、"广布型风险"和"系统性风险"理念相结合，灾害风险科学领域使用的"灾害韧性"概念和内涵得到极大丰富和发展，即面对自然灾害时，各类承灾体（人、基础设施、经济系统、社会系统、生态系统和城市系统等）的韧性表现为灾时的抵抗或吸收能力，灾后的恢复和持续发展能力，灾害周期内的适应、调整、学习和创新能力（图 5 - 2）。其中，抵抗力包含了易损性和脆弱性的概念，恢复力与防灾减灾能力相关，适应力是经过多次灾害影响的发展能力。或者说，灾害韧性是全球灾害风险的关键致因，为全球 DRR 实践指明方向，即提升承灾体的灾害韧性是管控灾害风险和减轻灾害风险的关键。因此，承灾体韧性的不足是广布型灾害风险产生的根本原因。

城市作为最为复杂的社会—生态系统之一，本身就与韧性理念具有先天的契合性，是韧性理念实践的重要场所（汪辉等，2019）。当今世界，城市发展面临着环境、社会、经济和政治因素等多重不确定性，"韧性"无疑为提高城市应变力提供了新的研究视角，也因此成为城市建设的重要目标。事实上，仅在自然灾害方面，城市就面临着不同于其他聚落或系统的巨大风险。例如，尽管全球重大自然灾害（密集型灾害或巨灾）的发生频率较低，但对城市的影响却是毁灭性的。即便是面对强度较低、频率较高的广布型灾害，密集的人口和产业、多样化的基础设施和建（构）筑物、庞大而复杂的经济体和社会文化网络决定了城市潜在风险的巨大体量。考虑到孕灾环境的变化性和灾害系统的复杂性，在气候变化、经济全球化、快速城市化多重背景下，灾害群、灾害链、灾害遭遇等多灾种复合情景时有发生（史培军等，2014），而城市则可能成为吸纳级联风险和巨灾风险的主要场所。例如，我国东南沿海城市频繁遭受台风—风暴潮—洪涝（暴雨内涝）灾害链的影响；日本福岛核泄漏事故造成的地震—海啸—电网崩溃—核泄漏则是典型的同步故障和级联灾害，部分城市遭受毁灭性破坏，对环太平洋国家和地区乃至全球的经济金融、国际贸易、产业链也产生了重大影响。

　　严格来说，规范和有序的城市化对增强城市韧性具有重要的促进作用。首先，城市经济的发展将增加其应对自然灾害与经济冲击的抵抗力和恢复力。一个经济发展水平较高的城市，其产业结构往往是多元化的，能够为技术创新提供条件，且创新能力较强、劳动者有更多机会获得就业、教育、服务和技能培训。多元化的工业基础是经济复苏的关键驱动力，创新能力较强的城市面对冲击时的抵抗力和吸收力更强，拥有具有适当技能劳动力的城市经济体面对经济和社会变革作出的反应更加灵活，其适应和调整能力更强，城市的综合韧性更大。其次，高质量的城市化在提高城市人口比重的同时，降低了暴露于灾害易发地区（如农村）的人口数量。经济的持续发展有助于增加居民收入、提高住房质量、完善基础设施建设，降低面对自然灾害的脆弱性。再次，城市发展对灾害孕灾环境（如河道清淤、堤坝加固等）的改善，降低致灾因子的危险水平和暴露于灾害中的承灾体数量（如紧急疏散、灾害移民等），减轻潜在的灾害风险。最后，城市化加快社会保障体系的建设，促进灾害保险机制的完善，在改善生态环境以提高环境承载力和生态韧性的同时，提升了整个城市系统的灾害应对能力和适应能力。显然，韧性城市是一种前瞻性、以目标为导向的灾害治理模式。因此，高质量的城市化对城市韧性的提升具有促进作用。

　　目前，我国尚处于工业化的中后期阶段，城市发展正由高速度向高质量转型。2016年10月11日习近平总书记主持召开中央全面深化改革领导小组第二十八次会议，会议审议通过《关于推进防灾减灾救灾体制机制改革的意见》，特别强调必须牢固树立灾害风险管理和综合减灾理念，坚持以防为主、防抗救灾相结合，坚持常态减灾和非常态救灾相统一，努力实现从注重灾后救助向注重灾前预防转变，从减少灾害损失向减轻灾害风险转变，从应对单一灾种向综合减灾转变，全面提高国家综合防灾减灾救灾能力。其后印发的《国家综合防灾减灾规划（2016—2020年）》进一步明确了我国城市综合防灾减灾工作的主要任务和重大项目，要求全面提升全社会抵御自然灾害的综合防范能力。2017年10月18日，党的十九大报告明确提出了"打造共建共治共享的社会治理格局"重要思想，要求"健全公共安全体系，提升防灾减灾抗灾能力"。显然，综合防灾减灾救灾就是减轻和控制灾害的"系统性风险"，减轻灾害风险的关键就是提高承灾体面对灾害的韧性，具体到城市系统，就是城市的韧性。

综上所述，城市是灾害系统性风险的集聚地，也是 DRR 实践的主战场，系统性风险（包含广布型风险、密集型风险、级联灾害风险）的关键致因是承灾体韧性的缺乏，减轻和管控城市系统性风险的关键在于提高城市各类承灾体的韧性。因此，韧性城市的建设和城市韧性的提升是综合防范系统性风险的必然选择。

第三节　灾害风险视角的城市韧性建设关键问题

当前,城市韧性吸引了"城乡规划学"、"安全科学与工程"、"生态学"、"经济学"、"公共管理"、"灾害学"和"应急科学与工程"等诸多学科的关注与参与,研究和应用视角涉及韧性规划和设计、基础设施韧性、生态系统韧性、经济韧性、社会韧性、社区韧性、灾害韧性等多个维度。从灾害风险科学的视角看,城市韧性建设需要回答如下几个关键问题。

一、何为城市韧性?

吸收工程韧性、生态韧性与社会—生态韧性概念和理论,城市韧性被定义为城市系统及其社会—生态与社会—技术网络组分在时间和空间尺度上所具有的一种能力,即在面对干扰时维持或迅速恢复到所需功能的能力、适应变化的能力以及当前或未来适应力受限时系统的快速转换能力(Meerow 等,2016)。当灾难或危机事件发生后,城市系统依次表现出的吸收力(或称刚性)、恢复力(或称弹性)、适应力和调整能力(或称进化性、学习转化能力、变革能力)表征了城市韧性的水平(Jovanović 等,2018),且具有韧性的城市系统往往表现出稳健性(抗扰性或强大性,Robust、Robustness 或 Strong)、冗余性(盈余性,Redundancy 或 Redundant)、多样性(兼容性,Diverse 或 Diversity)、灵活性(可塑性,Flexible 或 Flexibility)、独立性(Independence)、高效性(效率性或高效流动特征,Efficient 或 Efficiency)、资源性(资源可用性,Resourceful 或 Resourcefulness)、自组织性(Self-Organization)、关联性(互依性,Interdependence)、协作性(合作性,Collaborative 或 Collaboration)、自治性(Autonomous)、包容性(包括性或兼容性,Inclusive)、集成性(完整性,Integrated)、适应性(缓冲性,Adaptive、Adaptable、Adaptation 或

Adaptability)、反应力（反思性、反应性或动态平衡性，Reflective）、恢复力（Recovery）、创造力（学习性，Creativity）和智慧性（Smart）等特征（Godschalk，2003；Sharifi 和 Yamagata，2014，图 5-3），这些特征在不同层面上支撑了城市韧性的四个维度的能力（表 5-1）。

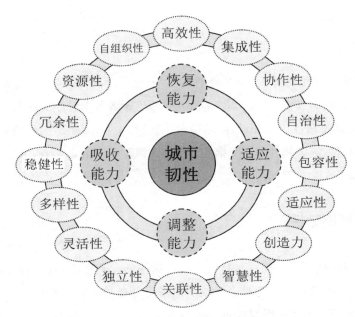

图 5-3　城市韧性的特征和关键属性

表 5-1　城市韧性与城市系统特征的对应关系

城市特征	城市韧性			
	吸收力	恢复力	适应力	调整能力
稳健性	■			
冗余性	■	■		
多样性	■			■
灵活性	■			■
独立性				■
高效性		■		
资源性		■		■
自组织性				■

续　表

城市特征	城市韧性			
	吸收力	恢复力	适应力	调整能力
关联性				
协作性				
自治性				
包容性				
集成性				
适应性				
反应力				
恢复力				
创造力				
智慧性				

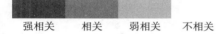

强相关　　相关　　弱相关　　不相关

考虑到城市应对和防范灾害的系统性风险,城市韧性的内涵可进一步阐释为以下内容。

（1）面对低频、高损的密集型灾害,城市韧性表现为灾时的抵抗力和灾后恢复力,密集型灾害风险对城市韧性建设具有负向作用。重大自然灾害（或巨灾）造成巨大的人员伤亡和财产损失,显著地降低了城市的发展水平和发展速度,经济、社会、基础设施和生态环境受到巨大冲击,降低了城市面对下一次灾害的抵抗力和恢复力。

（2）面对高频、低损的广布型灾害,城市韧性表现为持续的吸收力和适应能力,广布型灾害风险对城市韧性建设具有正向作用。频繁发生的农业干旱、城市内涝、山体崩塌、地面沉降、大风、雷暴等广布型灾害对城市人口、经济和社区产生周期性的影响,虽然不会造成城市系统结构和功能的巨大改变,却能不断塑造和拓展城市的最大灾害扰动吸收量级。例如,受台风暴雨内涝影响的社区居民具备瞬时转移底层资产的能力（刘耀龙等,2011）,城市内涝频发区的排水系统将逐步改造和升级。

（3）基于灾害风险视角的城市韧性包括吸收密集型灾害冲击和广布型灾害影响的能力，抵抗和减少自然灾害风险的能力，调整、修改和变换系统结构以适应灾害不断冲击的能力，在面临巨灾时能够变革或创造全新系统的能力，从历史灾害冲击和影响中认识、学习、准备应对未来灾害情景的能力，维持经济持续增长及促进城市公共安全和可持续发展的能力。

从灾害防治角度看，韧性城市强调城市系统面对灾害时能够凭借自身力量承受打击而不至毁灭。一座没有韧性的城市是极度脆弱的，而城市的韧性来自于地形、地质、水系等自然条件，建筑、道路、通讯、能源等基础设施以及城市社区、制度网络等社会环境的相互配合。与传统的灾害应对措施不同，韧性城市的价值在于提供了一个全过程理解城市作为主体应对灾害的视角（陈安和师钰，2018），韧性城市的目的不是创造一个完全没有灾害的城市，而是建设一个"适应灾害"、"与灾害共存"和"不怕灾害"的城市（周利敏和原伟麒，2017）。

二、城市为何韧性？

1. 关于传统减灾理念的反思

安全发展是现代城市文明的最基本指标。近代社会的防灾理念是建立在人与自然对立的二元论基础上，即自然是人类征服和改造的对象。按照这种理念，随着科技发展和社会物质财富的累积，社会对自然灾害的防御能力应该越来越强，自然灾害的发生频率和所造成的损失均应呈现下降趋势。现实中，尽管城市不断为防灾增加经济和技术投入，但仍经常受到自然灾害的打击，全球自然灾害的年平均损失（简称 AAL）逐渐增加，一些发展中国家和中低收入国家的相对年均损失（如 AAL/GDP、AAL/年度资本投资、AAL/资本存量和社会支出）增幅显著（UNISDR，2015）。与此同时，随着人类对生态环境的影响增强，常规的自然变化与污染排放等人为影响叠加，增加了自然变化的负面影响，派生出种种新的急性灾害（如光化学污染、海水倒灌等）和慢性灾害（如温室效应、海平面上升等）。传统的防灾减灾工程只关注城市某个方面或某个部分的灾害防御能力（如建筑建构的抗震设计、大型公共场所的应急避难设施等），一些过于刚性的防灾工程对生态系统整体带来影响而使其他类型灾害的隐患增加（如防洪水库可能会增加土地盐碱化等)。显然,20 世纪末以来主流的"灾害管理"理念和知识已不能使城市有效应对自然灾害的隐患,尤其是局部韧性的提升甚至可能造成整个系统的"不协调"发展,这促使人们反思对灾害及潜在风险的应对能力,质疑长期以来的城市防灾理念(沈迟和胡天新,2017)。

从我国的现实情况来看,改革开放的四十多年是城市大规模、快速发展的关键时期,其实质是一个突破自然法则、打破资源平衡、凸显城市脆弱和化解风险危机的过程。在此背景下,强调以城市物质系统刚性为导向的"抗灾"治理理念和行为,已难以很好地应对灾难带来的损害和风险,而以"耐灾"为核心的"韧性城市"治理思路便应运而生(肖文涛和王鹭,2019)。"耐灾"治理注重过程导向,克服了"抗灾"措施与单一城市形态或建设格局捆绑的固有弊端,以更加宏观的视角梳理了城市内核与表征、过去与未来、部分与整体的内部联系。将目光投射于强化城市面对自然和社会的慢性压力和急性冲击时,保持动态平衡、冗余缓冲和自我修复的能力,强调建立健全城市风险综合防控体系以应对复杂灾害情景和系统性风险。韧性城市理念强调城市作为一个系统的整体性,主张韧性本身具有的过程性(即通过应对扰动提高韧性水平),同时认为灾害的扰动和城市系统的动态平衡是常态,城市适应力的提升才是减少灾害风险的最优化手段。显然,韧性城市是当今风险社会背景下城市安全发展的战略导向和崭新范式,也是对国际社会"风险管理"理念的有效诠释和最佳实践。

2. 城市外部环境的变化

当今世界,城市发展面临着环境、社会、经济和政治因素等多重不确定性。以全球变暖为代表的全球环境变化正在引发全球范围的气候异常,各类灾害的突发性、异常性和难以预测性日益突出,气候、地质灾害以及生态环境恶化导致城市突发事件增多,严重威胁到城市的健康发展。与此同时,城市不断面临着经济全球化和社会变化带来的挑战。自 2008 年西方债务危机发生以来,全球经济持续低迷,城市居民失业严重,工厂倒闭等,这不断呼吁城市经济要从依靠服务业向产业多元化转变。在城市生态方面,环境问题可能上升为政治问题,涉及不同集团的利益,譬如日本核泄露后绿党兴起,正是环境问题转为政治问题的典型案例(陈利等,2017)。韧性城市是抗击灾害风险、保护人类生存的关键力量,韧性城市的建设要求城市能够具备灵活应对外界灾害的基本能力,弱化城市发展的脆弱性,增强抵抗风险的能力,这将有效地降低人类面对不确定性风险的概率,缓解灾害系统性风险的循环危害,对于实现城市健康有序地发展具有重要意义(张明斗和冯晓青,2018)。

我国地域广阔,区域发展水平差异很大,是全球自然灾害高发地区之一。随着我国城镇化率的提高,城市不断扩张,人口大量聚集,城市功能日益扩展,城市系统日趋复杂,不可避免地受到自然灾害、公共突发事件、安全生产事故、经济金融危机等多种风险冲击。据统计,我国70%以上的城市、50%以上的人口分布在气象、地质和海洋等自然灾害严重地区。1978—2018年,我国的城镇化水平从17.9%上升至59.6%,城镇人口从1.7亿增加到8.3亿,因此,面对灾害风险的暴露度也不断增大。随着工业化、信息化、城镇化、市场化和国际化的发展,城市的人口、资源和环境问题日益严峻,经济社会发展与自然灾害的耦合影响更加突出,灾害引发的社会问题不断增多(如因灾致贫、因灾返贫)。近年来,我国许多城市在极端天气气候事件影响下,出现了城市内涝、高温热浪、雾霾等新型和复合型城市灾害,居民的生命财产和生命线基础设施屡遭威胁,城市安全备受挑战。对此,迫切需要了解城市发展与灾害风险的关联机制,加强前瞻性规划,提升城市应对自然灾害的韧性(郑艳和林陈贞,2017)。

3. 城市自身发展的瓶颈

众所周知,城市化是一把双刃剑,在带动经济发展和促进社会进步的同时,可能带来人口剧增、环境恶化、资源危机和交通拥堵等"城市病",城市发展的不可完全预测已成为世界性的普遍问题。2018年我国城镇常住人口83 137万,占总人口比重为59.58%,我国已迈入"城市社会"。然而,城市的现状远不能支持发展的需求。一方面,尽管名义上城镇化率接近60%,但城镇化质量还较低,若以"人的城镇化"标准来考核,则实际城镇化率远低于50%,超过两亿人的城镇常住人口不能享有城镇基本公共服务,导致其经济行为短期化、功利化,这加速了人口红利的衰减,制约了人力资源的优化;另一方面,许多城市规划建设、功能定位、空间布局与人口规模、环境承载能力不匹配,公共交通、空气治理、防灾减灾救灾能力等达不到现代化要求,导致房地产库存严重、城镇居民宜居感不高等一系列问题,不仅没有带动经济和社会的发展,甚至造成了资源错配。尤其是特大城市面临的人口过剩、资源短缺和盲目"摊大饼"等尖锐问题,而中小城市在转型升级中却遭遇人口流失的困境(周子勋,2016)。这些城市发展的瓶颈要求重新思考城市的发展理念,重新规划城市的发展方向,重新考量城市的发展质量。韧性理论应用于城市问题的研究有助于满足城市的有机秩序稳定、代际公平、长期学习和长期适应等要求,通过干预规制城市向良性方向发展。

我国目前尚处于工业化的中后期阶段,城市化进程处于中期加速阶段。韧性城市是提升城镇化质量、实现城镇化高质量发展的战略要求,能够自上而下树立可持续发展的观念导向,不断完善城市的基本功能,加强城市对外界灾害袭击的抵抗与转化能力,最终实现城市系统的高抗灾水平(张明斗和冯晓青,2018)。相比于传统的综合防灾减灾规划,韧性城市规划更加强调城市安全的系统性、长效性,规划的内涵也更为丰富,涉及自然、经济、社会等各个领域。而且,更注重通过软硬件相互结合、各部门相互协调,构建多级联动的综合管理平台和多元参与的社会共治模式,进而弥补单个系统各自为营、独立作战的短板和突破原有的横纵向协作壁垒。此外,将防灾减灾向后端延伸,提升城市系统受到冲击后"回弹"、"重组"以及"学习"、"转型"等能力的研究(张珍珍和程伟,2019),也为城市规划提供了更具前瞻性的思考方向。

三、城市是否韧性?

在了解"何为韧性"和"为何韧性"之后,就必然过渡到"是否韧性"这个问题。国内外关于城市韧性的测评体系和案例应用颇多,而构建韧性城市评价体系的思路主要有三种(倪晓露和黎兴强,2019):(1)以城市的基本构成要素为核心进行构建,代表性的案例如 OECD(2016)提出的韧性城市指标体系、洛克菲勒基金会(简称 ARUP)在全球 100 韧性城市项目中开发的城市韧性指数(简称 CRI,ARUP,2016)、李刚和徐波(2018)提出的中国城市韧性水平测评体系、张明斗和冯晓青(2018)提出的中国城市韧性度综合测评体系等,相应的测评维度或内容涉及经济、社会、治理和环境,区域经济能力、社区连通能力和社区人口状况,健康和福祉、经济和社会、基础设施和生态系统、领导力和决策,基础设施、经济、组织及社区韧性,生态环境、经济水平、社会环境和基础设施等多个方面;(2)以城市韧性的不同特征为核心进行构建,如 Heeks 和 Ospina(2019)提出的基于信息通信技术的发展中国家韧性测评框架，测评维度或内容包括功能特征（稳健性、自组织性、学习性）和赋能特征（冗余性、快速性、规模性、多样性和灵活性、公平性）；(3) 以韧性的阶段过程序列为核心进行构建，如陈长坤等(2018)提出的雨洪灾害情境下的城市韧性评估指标体系，测评维度或内容包括抵抗力、恢复力和适应力，依次对应抵抗阶段、恢复阶段和适应阶段。

上述城市韧性的测量视角多为城市规划与管理、气候变化与可持续发展等，与灾害相关的韧性测评体系有 Cutter 等(2008,2010)提出的社区灾害韧性指数、UNISDR 在"让城市更具韧性"计划中提出的韧性车轮评估体系(UNISDR,2012)、EMI 提出的城市灾害韧性指数(Khazai 等,2015,2018a)和许兆丰等(2019)提出的防灾视角下城市韧性评价体系等，相应的测评维度或内容涉及经济、环境、基础设施（房屋、生命线工程和交通）、健康、灾害、教育、社会和文化，社会、经济、制度、基础设施和社区能力，法律和制度安排、社会能力、关键服务和公共基础设施的韧性、应急准备、响应和恢复、规划、监管和减轻风险主流化、意识和倡导，基础设施、经济、社会、组织或制度等方面。这些测量体系或是间接考量灾害的应对能力，或是供地方政府进行灾害韧性建设或政策自评，缺乏对评估对象（如社区、城市）灾害风险水平（风险大小、管理能力强弱）的综合考量，也即基于灾害风险视角的城市韧性测评体系尚未建立。参考国外学者的研究成果(UNISDR，2012；Khazai 等,2015，2018a)，结合我们关于城市化、灾害系统性风险、城市韧性相互关系的论述（王军等，2013；王军等,2021；王军和谭金凯,2021)，笔者初步提出基于灾害风险视角的城市韧性评估框架（图 5-4），相应的测评体系和具体评估指标见图 5-5 和表 5-2。

基于灾害风险评估、识别和管理的城市韧性的评估框架包括城市灾害风险评估与识别、城市灾害风险管理水平评估和城市韧性水平评估三个部分。其中，风险评估与识别是对城市历史灾害记录和损失数据的系统分析与信息挖掘，需要灾害风险科学知识、数理分析和制图软件技能的支持。在评估过程中政府及相关部门的数据支持和经费保障也必不可少，如历史灾情数据的有条件（有偿或保密）使用、管理者对风险评估的需求和要求、风险评估结果的政策可操作性等。城市风险管理是一项系统工程，包括风险预防、风险评估、紧急应对和灾后恢复等多个环节，具体内容包括减轻风险的措施与行动、风险沟通知识和技能的培训、适应性治理能力的提升等。例如，在提高城市建筑抗灾标准的同时，将 DRR 纳入土地利用

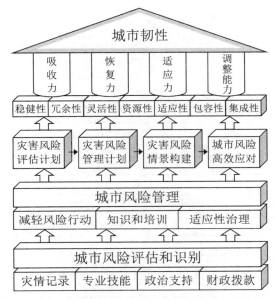

图 5-4　基于灾害风险评估、识别和管理的城市韧性的评估框架

规划过程中,实施缓解风险的财政金融政策(如税收、贷款、公共投资等),加强风险知识的宣传教育,灵活调整风险管理的组织架构和参与机制等。这些非结构式减灾措施和政策工具被认为是能够有效补充结构式减灾缺陷的重要手段(周利敏,2013)。通过有效的城市风险评估、识别和适当的城市风险管理,可以构建出包含主要韧性特征和关键韧性属性的城市韧性"伞形"评估体系(图 5-4)。此外,在条件成熟的情况下,鼓励社区和其他 DRR 利益相关者(如企业、居民、社会组织等)积极参与城市韧性的测评和建设工作,如搜集和补充历史灾情记录、参与编制城市防灾降险规划、协助构想可能的城市或社区灾害情景等。

　　与评估框架相对应,城市韧性指数(简称 URI)通过城市灾害风险指数(UDRi)、灾害风险管理指数(RMI)和灾害韧性指数(DRI)三个维度加以评估(图5-5)。其中,UDRi 定量评估城市面对自然灾害(包括密集型灾害和广布型灾害)的潜在风险,由自然或物理风险(建筑物和基础设施的直接物理损伤)、社会脆弱性和韧性缺失程度(后两部分加剧了灾害的影响效应)三个部分组成(Carreño 等,2007a),相应的测评指标包括年平均损失、伤亡和受影响人数、人口死亡率、失业率、暴力致死率、公共服务和医疗保健水平、人口密度、经济发展水平、紧急响应水

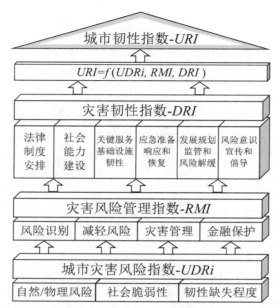

图 5 - 5   基于灾害风险评估、识别和管理的城市韧性的测评体系

平、人类发展指数、医疗服务半径和应急避难场所等（表 5 - 2）。RMI 用来衡量一个城市或国家风险管理的绩效和有效性，该指数反映了为减少脆弱性和损失、增强灾前准备和灾后有效恢复而采取的组织、发展能力和机构行动（Cardona 和 Carreño，2013）。RMI 包含风险识别、风险减轻、灾害管理和金融保护 4 个维度的 24 个指标（表 5 - 2），其中风险辨识和知识包括个体感知、社会表征和客观评价，风险降低包括纠正性和前瞻性的预防及缓解措施，灾难管理包括响应和恢复，治理和金融保护与制度化和风险转移有关，各个维度的评估结果有助于提高相应领域和公共政策的管理水平。DRI 用于监控和评估将 DRR 纳入城市发展政策和实践的程度及进展（如果 DRR 尚未纳入城市发展则进行基准测试），该指数以城市韧性的关键主题领域为基础，评估内容涉及法律和制度程序、社会能力建设、关键服务和基础设施韧性、应急响应、准备和恢复、发展规划、监管和风险减缓、风险意识和宣传建设 6 个方面的 10 个指标（Khazai 等，2011），这些指标与仙台减轻灾害风险框架的 4 个优先领域和 UNISDR"让城市更具韧性"计划的 10 个要素相对应（Khazai 等，2018a）。考虑到 UDRi 表征城市灾害风险的水平，在一定程度上反映出城市韧性历史、现状和未来的提升空间，因此，建议将其列为 URI 的负向指标，

而 RMI 和 DRI 反映出城市管控和应对灾害风险的能力,故而二者均为 URI 的正向指标。在实际应用中,URI 的评估模型根据研究目的、城市特征、指标获取等情况而定,UDRi 可采用极差法实现负向指标的正向化。

表 5-2　基于灾害风险评估、识别和管理的城市韧性测评指标体系

一级指标	二级指标	三 级 指 标	四 级 指 标
城市韧性指数 URI	城市灾害风险指数 UDRi	物理风险 PR	灾害年均损失 AAL
			死亡人数 Dp
			受伤人数 Ip
			受影响人数 Ap
		社会脆弱性 SF	人口死亡率 Mr
			城镇失业率 UUr
			暴力致死率 VDr
			公共服务水平 PS
			医疗保健水平 HC
			人口密度 PD
		韧性缺失 RL	经济发展水平 EDl
			紧急响应水平 ERl
			人类发展指数 HDI
			医疗服务半径 DH
			应急避难场所 ES
	灾害风险管理指数 RMI	风险识别指数 RMI_{RI}	灾害和损失记录 RI1
			灾害监测和预测 RI2
			灾害评估和风险地图 RI3
			脆弱性和风险评估 RI4
			公共信息和社区参与 RI5
			风险管理培训和教育 RI6
		减轻风险指数 RMI_{RR}	土地利用和城市规划中的风险考量 RR1
			水文流域干预和环境保护 RR2
			灾害控制和保护技术的实施 RR3
			灾害易发地房屋改善和人类住区迁移 RR4
			安全标准和建筑规范的更新和提升 RR5
			公共和私人资产的加固和改造 RR6

一级指标	二级指标	三级指标	四 级 指 标
城市韧性指数 URI	灾害风险管理指数 RMI	灾害管理指数 RMI_{DM}	应急行动的组织与协调 DM1
			紧急响应计划和预警系统的实施 DM2
			设备、工具和基础设施的储备 DM3
			部门间响应的模拟、更新和测试 DM4
			社区准备和培训 DM5
			恢复重建规划 DM6
		金融保护指数 RMI_{FP}	机构间、多部门和分权化组织 FP1
			强化基础设施的储备资金 FP2
			预算分配和调动 FP3
			资金响应和社会安全网的实施 FP4
			公共资产的保险覆盖和损失转移策略 FP5
			住房和私人保险、再保险的覆盖 FP6
	灾害韧性指数 DRI	法律和制度安排 LIA	立法框架的效力 ELF
			制度安排的效力 EIA
		社会能力建设 SC	应急管理能力（准备、预案、演练）EM
		关键服务和公共基础设施韧性 SDRR	关键服务（避难、健康和住房）韧性 SR
			基础设施（交通、水和卫生）韧性 IR
		应急准备、响应和恢复 EPRR	资源管理、物流和应急计划 RLC
		发展规划、监管和风险减缓 DPRR	危险性、脆弱性和风险评估 HVR
			风险敏感型城市发展 RUD
		风险意识及宣传倡导 RAA	培训和能力建设 TCB
			宣传、沟通、教育和公众意识 ACE

在城市韧性测量与评估过程中，还需要注意以下几个问题：

（1）评估尺度的选择。城市韧性的评估尺度涉及空间和时间两个方面。根据研究对象的不同可以将评价的空间尺度分为宏观（如城市群、大都市区）、中观（如单个城市）和微观（如社区）三个尺度（陈利等，2017）。微观尺度的评价基于个体要素，中观尺度考虑空间分割单元，宏观尺度基于更高的区域或行政单元（周蕾等，2017）。宏观尺度的代表是伯克利大学城市研究所提出的大都市区韧性能力指数(简称 RCI, Foster, 2011),中观尺度的代表如 ARUP 的 CRI,微观尺度的代表如 Woolf 等(2016)提出的贫民窟社区韧性框架(简称 ASPIRE)。根据评价阶段的不同可以将评价的时间尺度分为事前评价、事中评价和事后评价,前两个阶段所作评价侧重于对城市脆弱性和抵抗力的调查,适合解决动态问题以应对未来的不确定风险。事后评价是一种对干预措施进行结果检测的评价方法,通常在事故灾难发生后,对系统恢复平衡的时间、速率以及恢复程度进行评价,以观察系统的韧性水平(陈安和师钰,2018)。

(2) 评估对象的选择。根据评估目的和评估维度的不同,城市韧性的评估对象或评估单元有所不同,如个人、组织和社区(UNISDR, 2012),社会圈层(人、制度和活动)和物理圈层(资源和过程)(Desouza 和 Flanery, 2013),个人、社区、机构、企业和系统(ARUP, 2016),物质系统和人类社会(许兆丰等,2019),物、人和经济社会(刘严萍等,2019)等。针对不同评估对象的不同属性,评估的内容或指标亦有所不同。例如,对物的敏感度的评估主要侧重工程防灾技术和建筑设施的防灾规范,相应的指标有抗震设计、防火性能、防涝设计、线路冗余度等;对人的应对力的评估涉及主观能动力(生存能力和应急能力),评估内容包括面对突发灾害时的心理状况、接受并理解预警信息的程度、操控智能防护系统技能的熟练程度、参与自救和互救的意识、对灾害信息传播渠道与机制的掌控程度、在灾害情景下协助政府救援力量的能力、日常参与志愿救援组织的演练情况等。经济社会系统应对力的评估则分为不同阶段,如应急准备阶段侧重考量城市智慧应急平台中多部门数据共享质量、防灾减灾资金数量、安全素质教育和培训资金、时间、成效等、灾害保险的承保量、社会组织的应急物质及人员配备状况等,危险源排查情况及整改情况;应急响应阶段侧重考量应急物质到位所需时间、救援力量到位时间、紧急疏散所需时间、水电气及通讯系统进入预警及响应状态所需时间等;应急处置阶段侧重于应急方案的有效性;善后恢复阶段侧重考察救助资金的到位速度、按新一轮风险评估所完成的规划设计在实际重建时的执行度、社会力量投入、接受国外援助情况等。

(3) 评估方法的选择。评价方法可分为定性评价和定量评价两大类,其中定性评价主要是辨析与分析城市韧性的主要影响或驱动因子及其特征,如 OECD 提出的城市韧性四大驱动因素(OECD, 2016),并对土耳其安塔利亚、巴西贝洛奥里藏特、土耳其布尔萨、英国加的夫、日本的神户和京都、葡萄牙里斯本、挪威奥斯陆、加拿大渥太华、芬兰坦佩雷等城市进行定性评估[①]；定量评价通过建立韧性指标体系，构建相应的评估模型，是目前应用较广的一种评价方法。定量评估常用的工具有阈值分析、社会网络模型、神经网络分析、代理人基模型（agent-based model，ABM，又称多元代理人系统 multi-agent system，MAS）、断裂点法、恢复力替代法、状态空间法、恢复力长度法等。定性方法通过分类描述并刻画社会、组织和个体的灾害恢复力，有助于洞察韧性的本质，适用面更广（周晓芳，2017b）；量化评估方法主要针对基础设施或特定领域，对单一灾害或指定领域的评估更容易提出量化的指标，而综合性或系统性的韧性评估涉及范围过大，评估有一定困难（陈安和师钰，2018）。具体数据获取方法主要是统计指标（可替代指标）和问卷调查或访谈，统计数据强调连续性和长时间序列，用于评估韧性的发展状况，调查数据有助于评估灾前、灾中和灾后的韧性水平。

四、城市如何韧性？

　　"城市如何韧性"是韧性理论引入城市规划领域的重要议题，也是基于灾害风险视角的韧性城市建设的应用策略。让城市更具韧性的关键在于制定科学、可行的韧性城市建设规划（黄晓军和黄馨，2015；陈利等，2017）。而风险管理视角下的城市规划，则需要关注城市体系的相互关联性，以系统化的方式评估风险，降低城市脆弱性和灾害风险的暴露度，提高城市系统韧性和防御灾害的能力，以确保城市社会远离风险（滕五晓等，2018；吴绍洪等，2021）。韧性城市规划的前提是风险识别和状态评估，前者涉及城市灾害风险评估和韧性驱动因素识别，后者是对风险管理能力、灾害韧性水平和城市综合韧性的评估；韧性城市规划的应用表现为韧性建设措施和韧性能力（吸收、恢复、适应和调整能力）提升策略的制定与实施（图 5-6）。鉴于城市灾害风险、灾害风险管理、灾害韧性和城市韧性的测量与评估在前面部分已有详细论述，这里主要讨论城市韧性驱动因素的辨识。

　　一般而言，城市韧性的驱动因素包括四个方面（OECD，2016）：（1）经济因

---

① 详见 http://www.oecd.org/cfe/regional-policy/resilient-cities.htm.

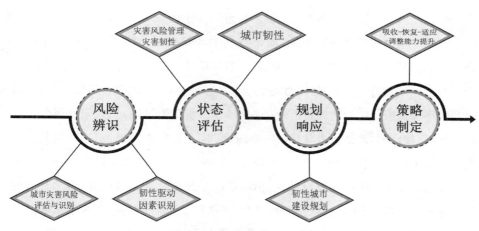

图 5-6　基于灾害风险评估、识别和管理的韧性城市的规划思路

素,例如产业结构多元化、经济持续增长、科技创新和民众就业、教育、服务、技能培训均会促进城市经济韧性的提升;(2) 治理能力,清晰的领导和管理体系、宏观战略的制定和综合方法的使用、公共部门可堪大任以及政府的公开透明均会促进城市管理韧性的提升;(3) 社会因素,社会具有包容性和凝聚力、社区公民网络较为活跃、人居环境安全和市民的健康生活均会促进城市社会韧性的提升;(4) 环境因素,生态系统健全和多样、基础设施能够满足基本需求、自然资源充足可用和土地利用政策的连贯性均会促进城市环境韧性的提升。因此,经济、管理、社会和环境成为提高城市韧性的四个关键领域。

　　国内学者周利敏和原伟麒(2017)通过对美国(纽约、新奥尔良、塔尔萨)、西班牙(格尔尼卡)、英国(伦敦)、日本和中国(北京)等诸多城市韧性建设的案例分析,得出影响城市韧性的 5 大因素和 16 个命题,其中,物理韧性(基础设施冗余性、关键设施抗灾力)、社区韧性(灾后社区认同感、抵御力和重组力)、经济韧性(经济能力、产业多样性、经济公平性和稳定性)、组织能力(组织灾前评估能力、灾中应变能力、灾后学习能力和组织工作效率)以及自然韧性(城市自然资源政策合理性)对城市韧性的建设起正向作用,自然资源依赖性(经济韧性)和城市暴露度(自然韧性)对城市韧性的建设起负向作用。从灾害风险视角看,致灾因子危险性、承灾体暴露性和脆弱性、典型重现期强度灾害未来一定时段内发生的概率均对城市韧性能力提出挑战,而城市的防灾减灾能力(如防灾减灾规划和建设、灾时应急响应和救援、灾后恢复重建等）则能有效提升城市的韧性水平。

在韧性城市的规划设计方面，城市规划学者提供了一些创新且可操作的思路，如李鑫和罗彦（2017）关注城市发展、灾害风险和人口老龄化背景下，城市公共安全与韧性城市规划，特别强调对发生频率高、影响范围大的灾害风险（广布型风险），频率极低但影响后果极其严重的灾害风险（密集型风险）以及未来可能发生的、影响面较广的"慢性压力"（日常风险）的识别与评估对于韧性城市的规划设计而言至关重要。申佳可和王云才（2017，2018）将生态韧性、社会—生态韧性理论应用于韧性城市社区的规划设计，提出以调控系统可变性为核心，以遵循社区独特的地脉文脉特征、满足社区中环境变化的需求与空间的偏好、尊重社区居民的权利与建议为指导原则的城市社区韧性规划与设计框架。郑艳和张万水（2018，2019）运用中国传统的道家思想和中医思维（如《黄帝内经》）审视韧性城市建设的"道"与"法"，指出当今城市面临的"系统性风险"正是"五行"传导效应引发系统失衡（"五行传变"），城市风险管理宜本着"上工治未病"的预防原则来减轻潜在风险，建议城市韧性的规划过程中采用"城市针灸术"（城市再生）、"城市导引术"（城市绿色廊道）、再造"城市之肾"（海绵城市）等策略。翟亚飞（2018）对传统防灾规划和韧性城市理论下的防灾规划进行比较（表 5-3），进一步明确后者的可操作性。

表 5-3 传统防灾规划与韧性城市规划比较（翟亚飞，2018）

比较内容	传统防灾规划	韧性城市规划
规划理念	重在工程防御，减轻灾害，时效性短。	适应安全新常态，基于动态和情景的风险评估，减轻灾害风险。
技术思路	以工程技术标准或经验值预测灾害，工程防御措施。	城市安全风险评估，识别风险、评估影响，全方位应对措施（工程＋非工程措施，结构式＋非结构式减灾、常态＋非常态救灾）。
系统方法	单一灾种防灾，主要考虑地震、火灾、洪涝等，系统间协调机制不健全。	强调多种灾害之间的协调性和系统性，如灾害群、灾害链、灾害遭遇等，突破风险管理的体制机制壁垒。

在城市韧性的提升策略方面，首先要根据不同领域制定相应的推进策略，如"指标引导—寻找平衡—强化特色"三方合一的生态韧性策略、"政府主导—社会组织—个人保险"多元化合作的经济韧性策略、"自上而下"激发公众主观能动性

的社会韧性策略、"社区—城市—区域"全空间尺度的基础设施韧性策略等(张明斗和冯晓青,2018);第二要以政府为主导,倡导多元主体参与联合共治,如鼓励社会各界参与韧性城市规划和城市安全建设,不断完善社区服务体系以提升居民的灾害风险感知能力,建立气象、防灾减灾、水利、农业、生态、卫生、环保、规划等多部门决策信息平台,挖掘和征召具有奉献精神、服务意识和防护技能的居民,组成应急志愿服务队等(肖文涛和王鹭,2019);三是要加强科技创新对城市韧性的支撑作用,如运用大数据、人工智能、云计算等技术方法,对城市灾害进行风险预估和制图,通过人工智能、数理统计的方式构建仿真模型,模拟灾害情景、风险概率、灾后应急,引入信息通信技术与发展(ICT4D)捕捉城市的复杂耦合关系以应对各种不确定的风险等(倪晓露和黎兴强,2019);四是要注重自然环境和发展条件的地区差异,如西部生态脆弱地区的城市应格外关注城市生态韧性,东部沿海城市的外向型经济,应着重发展多样性经济,同时考虑到全球气候变化的影响,海平面上升、台风、暴雨等极端气候的情景,城市基础设施的工程韧性也应得到强化(王祥荣等,2016)。

　　基于灾害风险视角,笔者有以下建议:第一,韧性城市规划的设计者、参与者和其他利益相关者应积极主动地学习和转变灾害风险观念,继承"灾害管理"、"工程韧性"和"防灾减灾规划"理念中的积极因素,如城市基础设施对密集型灾害的抵抗力和对广布型灾害的吸收力,城市功能和结构灾后的快速恢复力等,更新"风险管理"、"社会—生态韧性"和"综合风险防范"理念中的创新因素,如城市应对系统性风险的关联性和整体性(系统性),广布型风险对环境、经济和社会适应性提升的积极作用(积极性),动态不均衡状态的城市系统不断学习、调整和转化(动态性)等;第二,将DRR策略或措施(尤其是非工程措施)纳入到韧性城市的规划与实践中,如土地开发利用前灾害危险性的预评估,灾害移民过程中灾害征收制度的适用性(周利敏,2013),应对多灾种重大灾害风险时保险机制的嵌入(刘玮,2019)以及灾害认知教育的普及和社区减灾能力的建设等。尽管这类非结构式减灾政策工具可能存在成本较高、难以操作、运行效果不确定、短期效益难以显现等问题,但是城市经济和政治的决策者必须勇于挑战、敢于担当,在全国"改革创新、奋发有为"的关键时期为城市韧性的提升和防灾减灾的实践贡献智力创新与实践力量。

参考文献

[1] Adger W N, Hughes T P, Folke C, et al. Social-ecological resilience to coastal disasters [J]. Science, 2005, 309 (5737): 1036 – 1039.

[2] Adger W N, Kelly P M, Winkels A, et al. Migration, Remittances, Livelihood Trajectories and Social Resilience [J]. Ambio, 2002, 31(4): 358 – 366.

[3] Adger W N. Social and Ecological Resilience: Are They Related? [J]. Progress in Human Geography, 2000, 24(3): 347 – 364.

[4] Adrian J, Árvai L, Bach S, et al. Resilience Joint Evaluation and Test Report (JET report) for the case study "SmartResilience Project: DELTA: Transportation system" [R]. Stuttgart: European Virtual Institute for Integrated Risk Management, 2018e.

[5] Ahern J. From fail-safe to safe-to-fail: Sustainability and resilience in the new urban world [J]. Landscape and Urban Planning, 2011, 100(4): 341 – 343.

[6] Alberti M, Marzluff J, Shulenberger E, et a1. Integrating Humans into Ecology: Opportunities and Challenges for Studying Urban Ecosystems [J]. BioScience,2003,53(12): 1169 – 1179.

[7] Alberts D S, Hayes R E. Power to the edge: command··· control··· in the information age [R]. Office of the Assistant Secretary of Defense Washington DC Command and Control Research Program (CCRP), 2003.

[8] Allan P, Bryant M. Resilience as a framework for urbanism and recovery [J]. Journal of Landscape Architecture, 2011, 6(2): 34 – 45.

[9] Allcock S L. Long-term socio-environmental dynamics and adaptive cycles in Cappadocia, Turkey during the Holocene [J]. Quaternary International, 2017, 446: 66 – 82.

[10] Allen C R, Gunderson L, Johnson A R. The Use of Discontinuities and Functional Groups to Assess Relative Resilience in Complex Systems [J].

Ecosystems，2005，8(8)：958 – 966.

[11] Amaratunga D，Sridarran P，Haigh R P. Making Cities Resilient（MCR）Campaign：Comparing MCR and non-MCR cities [M]. 2019.

[12] Arup. City resilience index：Understanding and measuring city resilience [R]. The Rockefeller Foundation，Arup International Development，2016.

[13] Auerkari P，Koivisto R，Molarius R，et al. Resilience Joint Evaluation and Test Report（JET report）for the case study "SmartResilience Project：HOTEL：Energy supply system" [R]. Stuttgart：European Virtual Institute for Integrated Risk Management，2019d.

[14] Barata-Salgueiro T，Erkip F. Retail planning and urban resilience [J]. Cities，2014，36：107 – 111.

[15] Batabyal A A. The Concept of Resilience：Retrospect and Prospect [J]. Environment and Development Economics，1998，3(2)：235 – 239.

[16] Beilin R，Wilkinson C. Introduction：Governing for urban resilience [J]. Urban Studies，2015，52(7)：1205 – 1217.

[17] Berkes F，Cristiana C S. Building resilience in lagoon social-ecological systems：a local-level perspective [J]. Ecosystems，2005，8(8)：967 – 974.

[18] Berkes F，Folke C. Linking social and ecological systems for resilience and sustainability [M]. Cambridge：Cambridge University Press，1998.

[19] Bezrukov D，Eremi S. Resilience Joint Evaluation and Test Report（JET report）for the case study "SmartResilience Project：ECHO：Large industrial zones" [R]. Stuttgart：European Virtual Institute for Integrated Risk Management，2018f.

[20] Blaikie P，Brookfield H. Land Degradation and Society [M]. London：Metheun and Company，1987.

[21] Bocchini P，Frangopol D M. Optimal resilience-and cost-based postdisaster intervention prioritization for bridges along a highway segment [J]. Journal of Bridge Engineering，2012,17(1)：117 – 129.

[22] Bond C A，Strong A，Burger N，et al. Resilience Dividend Valuation Model

Guide [R]. Santa Monica, CA: RAND Corporation, 2017b.

[23] Bond C A, Strong A, Burger N, et al. Resilience Dividend Valuation Model: Framework Development and Initial Case Studies [R]. Santa Monica, CA: Rand Corporation, 2017 a.

[24] Brown A, Dayal A, Rumbaitis Del Rio C. From practice to theory: Emerging lessons from Asia for building urban climate change resilience [J]. Environment and Urbanization, 2012, 24(2), 531 – 556.

[25] Brugmann J. Financing the resilient city [J]. Environment and Urbanization, 2012, 24(1), 215 – 232.

[26] Bruneau M, Chang S E, Eguchi R T, et al. A Framework to Quantitatively Assess and Enhance the Seismic Resilience of Communities [J]. Earthquake Spectra, 2003, 19(4): 733 – 752.

[27] Burton C G, Anhorn J, Khazai B, et al. A Community-Based Approach for Measuring Earthquake Resilience in Cities [R]. Nepal: UNISDR, 2014.

[28] Burton C G, Bijan K, Johannes A, Resilience Performance Scorecard Measuring urban diasaster resillience at multiple levels of geography with case study application to Lalitpur, Nepal [J]. International Journal of Disaster Risk Reduction, 2018, 31: 604 – 616.

[29] Campanella T J. Urban resilience and the recovery of New Orleans [J]. Journal of the American Planning Association, 2006, 72(2), 141 – 146.

[30] Cardona O D Carreño M L. System of indicators of disaster risk and risk management for the Americas: Recent updating and application of the IDB – IDEA [C]. Tokyo: United Nations University Press, 2013.

[31] Cardona O D. Indicators of Disaster Risk and Risk Management: Program for Latin America and the Caribbean: Summary Report [J]. idb publications 2005.

[32] Cardona O D. The Notions of Disaster Risk: Conceptual Framework for Integrated Management [R]. Manizales: Inter-American Development Bank, 2003.

[33] Carlos G. Framework and Indicators to Measure Urban Resilience [C]// AESOP / ACSP 5th Joint Congress 2013: Planning for Resilient Cities and Regions, 2013.

[34] Carpenter S, et al. From metaphor to measurement: resilience of what to what? [J]. Ecosystems, 2001,4(8): 765 – 781.

[35] Carreño M L, Cardona O D, Barbat A H. A disaster risk management performance index [J]. Natural Hazards. 2007, 41(1): 1 – 20.

[36] Carreño M L, Cardona O D, Barbat A H. Urban Seismic Risk Evaluation: A Holistic Approach [J]. Natural Hazards. 2007, 40(1): 137 – 172.

[37] Carson M, Peterson G. Arctic Resilience Report [R]. Stockholm: Stockholm Environment Institute and Stockholm Resilience Centre, 2016.

[38] Cary C E, Zapata C E. Resilient modulus for unsaturated unbound materials [J]. Road Materials & Pavement Design, 2011, 12(3): 615 – 638.

[39] Cavallaro M, Asprone D, Latora V, et al. Assessment of urban ecosystem resilience through hybrid social-physical complex networks [J]. Computer-Aided Civil and Infrastructure Engineering, 2014, 29(8): 608 – 625.

[40] Cerchiello V, Ceresa P, Monteiro R, et al. Assessment of social vulnerability to seismic hazard in Nablus, Palestine [J]. International Journal of Disaster Risk Reduction, 2018, 28: 491 – 506.

[41] Chang S E, Shinozuka M. Measuring improvements in the disaster resilience of communities [J]. Earthquake Spectra, 2004,20(3): 739 – 755.

[42] Chelleri L, Olazabal M. Multidisciplinary Perspectives on Urban Resilience, A Workshop Report [R]. Bilbao: BC3, Basque Centre for Climate Change, 2012.

[43] Choudhary A, Jovanovic A, Tetlak K, et al. Understanding "smart" technologies and their role in ensuring resilience of infrastructures [R]. Stuttgart: European Virtual Institute for Integrated Risk Management, 2017.

[44] Cimellaro G P, Reinhorn A M, Bruneau M. Framework for analytical quantification of disaster resilience [J]. Engineering Structures, 2010,

32(11): 3639 - 3649.

[45] Clark W C, Munn R E. Sustainable Development of the Biosphere [M]. London: Cambridge University Press, 1986.

[46] Comfort L. Shared Risk: Complex Systems in Seismic Response [M]. New York: Pergamon, 1999.

[47] Cumming G S, Barnes G, Perz S, et al. An Exploratory Framework for the Empirical Measurement of Resilience [J]. Ecosystems, 2005, 8(8): 975 - 987.

[48] Cutter S L, Barnes L, Berry M, et al. A place-based model for understanding community resilience to natural disasters [J]. Global Environmental Change, 2008, 18(4): 598 - 606.

[49] Cutter S L, Burton C G, Emrich C T. Disaster Resilience Indicators for Benchmarking Baseline Conditions [J]. Journal of Homeland Security and Emergency Management, 2011, 7(1): 1 - 22.

[50] Cutter S L, et al. Disaster resilience: A national imperative [J]. Environment: Science and Policy for Sustainable Development, 2013, 55(2): 25 - 29.

[51] Davis I. The Effectiveness of Current Tools for the Identification, Measurement, Analysis and Synthesis of Vulnerability and Disaster Risk [R]. IDB/IDEA Program on Indicators for Disaster Risk Management, Universidad Nacional de Colombia, Manizales. 2003.

[52] Dearing J A. Landscape change and resilience theory: a palaeoenvironmental assessment from Yunnan, SW China [J]. The Holocene, 2008, 18(1): 117 - 127.

[53] Deco A, Frangopol D M. Risk assessment of highway bridges under multiple hazards [J]. Journal of Risk Research, 2011, 14(9): 1057 - 1089.

[54] Desouza K C, Flanerv T H. Designing, Planning and Managing Resilient Cities: A Conceptual Framework [J]. Cities, 2013, 35(dec.): 89 - 99.

[55] Dickson E, Baker J L, Hoornweg D, et al. Urban risk assessments: understanding disaster and climate risk in cities [J]. Washington: World

Bank publications, 2011.

[56] Dong Y, Frangopol D M. Risk and resilience assessment of bridges under mainshock and aftershocks incorporating uncertainties [J]. Engineering Structures, 2015, 83: 198 - 208.

[57] Dublin H T, Sinclair A Zt E, McGlade J. Elephants and fire as causes of multiple stable states in the Serengeti-mara woodlands [J]. Journal of Animal Ecology, 1990, 59(3): 1147 - 1164.

[58] Dyer J G, McGuinness T M. Resilience: analysis of the concept [J]. Archives of Psychiatric Nursing, 1996, 10(5): 276.

[59] Eakin H, Bojórquez-Tapia L A, Janssen M A, et al. Opinion: Urban resilience efforts must consider social and political forces [J]. Proceedings of the National Academy of Sciences of the United States of America, 2017, 114(2): 186 - 189.

[60] Elliott J E. Marx and Schumpeter on Capitalism's Creative Destruction: A Comparative Restatement [J]. The Quarterly Journal of Economics, 1980, 95(1): 45 - 68.

[61] EPoSS. Strategic Research Agendas of the European Technology Platform on Smart Systems Integration (EPoSS) e. v. 2017 [R]. Berlin: the EPoSS Strategic Research Agenda 2017, 2017.

[62] European Commission. REGULATION No 114/2008 OF THE EUROPEAN PARLIAMENT AND OF THE COUNCIL of 11 March 2008 on the identification and designation of European critical infrastructures and the assessment of the need to improve their protection [R]. Brussels: the council of the European Union, 2008.

[63] Fiering M B. Alternative indices of resilience [J]. Water Resources Research, 1982, 18(1): 33 - 39.

[64] Folke C, Carpenter S R, Walker B, et al. Resilience Thinking: Integrating Resilience, Adaptability and Transformability [J]. Ecology and Society, 2010, 15(4): 20.

[65] Folke C. Freshwater for Resilience: A Shift in Thinking [J]. Philosophical Transactions of the Royal Society of London: Series B Biological Sciences, 2003, 358(1440): 2027 – 2036.

[66] Folke C. Resilience: The Emergence of a Perspective for Social-ecological Systems Analyses [J]. Global Environmental Change, 2006, 16(3): 253 – 267.

[67] Foster K A. Resilience capacity index: Data, maps and findings from original quantitative research on the resilience capacity of 361 US metropolitan regions [R]. Berkeley: Institute of Urban and Regional Development, 2011.

[68] Fox-Lent C, Bates M E, Linkov I. A matrix approach to community resilience assessment: an illustrative case at Rockaway Peninsula [J]. Environment Systems and Decisions, 2015, 35(2): 209 – 218.

[69] Fox-Lent C, Linkov I. Resilience matrix for comprehensive urban resilience planning [J]. Resilience-oriented urban planning, 2018: 29 – 47.

[70] Fung J F, Helgeson J F. Defining the Resilience Dividend: Accounting for Co-benefits of Resilience Planning [R]. Gaithersburg: National Institute of Standards and Technology, 2017.

[71] Godschalk D R. Urban hazard mitigation: Creating resilient cities [J]. Natural Hazards Review, 2003, 4(3), 136 – 143.

[72] Gordon J E. Structures [M]. Harmondsworth: Penguin Books, 1978.

[73] Gordy M. Disaster Risk Reduction and the Global System [J]. Springer International Publishing, 2016.

[74] Grabher G, Stark D. Organizing Diversity: Evolutionary Theory, Network Analysis and Postsocialism [J]. Regional Studies, 2010, 31(5): 533 – 544.

[75] Grabher G. The Weakness of Strong Ties: the Lock-in of Regional Development in the Ruhr Area [J]. Embedded Firm On the Socioeconomics of Industrial Networks, 1993.

[76] Gunderson L H, Holling C S. Panarchy: Understanding Transformations in Systems of Humans and Nature [M]. Washington: Island Press, 2002.

[77] Gunderson L H. Adaptive Dancing: Interactions Between Social Resilience and Ecological Crises, 2003 Price M F. Navigating Social-Ecological Systems: Building Resilience for Complexity and Change [J]. Biological Corservation, 2004, 119(4): 581.

[78] Gunderson L H. Ecological and Human Community Resilience in Response to Natural Disasters [J]. Ecology and Society, 2010, 15(2): 1 - 11.

[79] Hamilton W, Hamilton H. Resilience and the city: The water sector [J]. Proceedings of the Institution of Civil Engineers Urban Design and Planning, 2009, 162(DP3): 109 - 121.

[80] Harrigan J, Martin P. Trrorism and the Resilience of cities [J]. Economic Policy Review, 2002, 8(2): 97.

[81] Hashimoto T, Stedinger J R, Loucks D P. Reliability, Resiliency, and Vulnerability Criteria for Water Resource System Performance Evaluation [J]. Water Resources Research, 1982, 18(1): 14 - 20.

[82] Heeks R, Ospina A V. Conceptualising the link between information systems and resilience: a developing country field study[J]. Information systems journal, 2019, 29(1): 70 - 96.

[83] Helgeson J, Fung J, O'Fallonl C, et al. Identifying and Quantifying the Resilience Dividend using Computable General Equilibrium Models: A Methodological Overview [C]//Proceeding of the 2nd International Workshop on Modelling of Physical, Economic and Social Systerms for Resilience Assessment, 2017, 1: 191 - 207.

[84] Henstra D. Toward the climate-resilient city: Extreme weather and urban climate adaptation policies in two Canadian provinces [J]. Journal of Comparative Policy Analysis: Research and Practice, 2012, 14(2): 175 - 194.

[85] Hernantes J, Sainz M, Labaka L, et al. Smart Mature Resilience Deliverable 2.6: Preliminary resilience maturity model [R]. Tecnun-Universidad de Navarra, 2016.

[86] Herrera M, Abraham E, Stoianov I. A graph-theoretic framework for assessing the resilience of sectorised water distribution networks [J]. Water Resources Management, 2016, 30(5) : 1685 – 1699.

[87] Heylighen F. The Science of Self-organization and Adaptivity [M]. Oxford: The Encyclopedia of Life Support Systems, 1999.

[88] Hill E, Wial H, Wolman H. Exploring Regional Economic Resilience [R]. Berkeley: Institute of Urban and Regional Development, 2008.

[89] Holling C S, Jones D D, Clark W C. 'Ecological policy design: A case study of forest and pest management', In: G. A. Novton and C. S. Holling, editors. Pest management. Pergamon Press, Oxford, U. K. , 1976: 13 – 90.

[90] Holling C S, Meffe G K. Command and Control and the Pathology of Natural Resource Management [J]. Conservation Biology, 1996, 10(2): 328 – 337.

[91] Holling C S, Schindler D W, Walker B W, et al. Biodiversity in the Functioning of Ecosystems: An Ecological Synthesis [M]. Cambridge: Cambridge University Press, 1995: 44 – 83.

[92] Holling C S. Resilience and stability of ecological systems [J]. Annual Review of Ecology and Systematics, 1973, 4(1): 1 – 23.

[93] Holling C S. Understanding the complexity of economic, ecological and social systems [J]. Ecosystems, 2001, 4(5): 390 – 405.

[94] Hollnagel E, Memeth C P, Dekker S. Resilience Engineering Perspectives. Volume 1: Remaining Sensitive to the Possibility of Failure [M]. Burlington: Ashgate, 2008.

[95] Holly S, John T. Making Cities Sustainable and Resilient: Lessons learned from the Disaster Resilience Scorecard assessment and Disaster Risk Reduction (DRR) action planning [R]. New York: UNDRR, 2019.

[96] Horne J F, Orr J E. Assessing Behaviors that Create Resilient Organisations [J]. Employment Relations Today, 1997, 24(4): 29 – 39.

[97] Hurst D K, Zimmerman B J. From life cycle to ecocycle [J]. Journal of Management Inquiry, 1994, 3(4): 339 – 354.

[98] Hurst D K. Crisis and renewal [M]. Boston: Harvard Business School Press. 1995.

[99] IPCC. Climate change 2007: Impacts, Adaptation & Vulnerability, IPCC Working Group-II, IPCC 4th Assessment Report of the Inter govermental Panel on Climate Change [R]. New York: IPCC, 2007: 90 – 94.

[100] Jelic M, Petrenj B, Jovanovic A. Database specifications, template for resilience indicators and first version of the RIs database [R]. Stuttgart: European Virtual Institute for Integrated Risk Management, 2017a.

[101] Jennings B J, Vugrin E D, Belasich D K. Resilience certification for commercial buildings: a study of stakeholder perspectives [J]. Environment Systems & Decisions, 2013, 33(2): 184 – 194.

[102] Johnson J L, Wielchelt S A. Introduction to the Special Issue on Resilience [J]. Substance Use and Misuse, 2004, 39(5): 657 – 670.

[103] Jovanovic A, Chakravarty S, Jelic M, et al. New release of the Resilience Indicator database [R]. Stuttgart: European Virtual Institute for Integrated Risk Management, 2019b.

[104] Jovanović A, Choudhary A, Ellen-Lang M, et al. Report on the results of the interactive workshop [R]. Stuttgart: European Virtual Institute for Integrated Risk Management, 2017e.

[105] Jovanović A, Klimek P, Choudhary A, et al. Analysis of existing assessment resilience approaches, indicators and data sources: Usability and limitations of existing indicators for assessing, predicting and monitoring critical infrastructure resilience [R]. Paris: the OECD, 2016.

[106] Jovanović A, Klimek P, Choudhary A, et al. Analysis of existing assessment resilience approaches, indicators and data sources [R]. Stuttgart: European Virtual Institute for Integrated Risk Management, 2016.

[107] Junk W J, Bayley P B, Sparks R E. The Flood Pulse Concept in River-Floodplain Systems [J]. Canadian Journal of Fisheries and Aquatic Sciences, 1989, 106: 110 – 127.

[108] Kendra M J, Wachtendorf T. Elements of Resilience After the World Trade Center Disaster: Reconstituting New York City's Emergency Operations Centre [J]. Disasters, 2003, 27(1): 37 – 53.

[109] Khazai B, Anhorn J, Burton C G. Resilience Performance Scorecard: Measuring Urban Disaster Resilience at Multiple Levels of Geography With Case study Application to Lalitpur, Nepal [J]. International Journal of Disaster Risk Reduction, 2018, 31: 604 – 616.

[110] Khazai B, Bendimerad F, Cardona O D, et al. A Guide to Measuring Urban Resilience: Principles, Tools and Practice of Urban Indicators [J]. Earthquakes and Megacities Initiative, 2015.

[111] Khazai B, Bendimerad F, Wenzel F. Resilience Indicators for Mainstreaming Disaster Risk Reduction in the City of Mumbai [R]. Vienna, Austria: Geophysical Research Abstracts, 2011.

[112] Khazai B, Bendimerad F. "Megacity Indicator Systems (MIS) for DRM in Greater Mumbai", in Mumbai Disaster Risk Management Master Plan (DRRMP). Ed. Bendimerad F, Daclan J M, Dagli W. et al. Earthquake and Megacities Initiative, Final Technical Report [R]. Mumbai: Municipal Corporation of Greater Mumbai (MCGM) Project BW 600330 and 09526, 2011.

[113] Khazai B, Burton C, Anhorn J, et al. Measuring and Managing Urban Disaster Resilience [C]. Thessaloniki: 16th European conference of earthquake engineering, 2018 b.

[114] Khew Y T J, Jarzebski M P, Dyah F, et al. Assessment of social perception on the contribution of hard-infrastructure for tsunami mitigation to coastal community resilience after the 2010 tsunami: Greater Concepcion area, Chile [J]. International Journal of Disaster Risk Reduction, 2015, 13: 324 – 333.

[115] Klein R J T, Nicholls R J, Thomalla F. Resilience to Natural Hazards: How Useful Is This Concept? [J]. Environmental Hazards, 2004, 5(1):

　　　　　35 – 45.

[116] Klein R J T, Smit M J, Goosen H, et al. Resilience and Vulnerability: Coastal Dynamics or Dutch Dikes [J]. Geographical Journal, 1998, 164(3): 259 – 268.

[117] Klimek P, Barzelay U, Bergfors L, et al. Report on interdependencies and cascading effects of smart city infrastructures [R]. Stuttgart: European Virtual Institute for Integrated Risk Management, 2018a.

[118] Klimek P, Lo Sardo D R, Sorge J. Resilience Joint Evaluation and Test Report (JET report) for the case study "SmartResilience Project: CHARLIE: Healthcare system" [R]. Stuttgart: European Virtual Institute for Integrated Risk Management, 2018d.

[119] Lade S J, Tavoni A, Levin S A, et al. Regime shifts in a social-ecological system [J]. Theoretical ecology, 2013, 6(3): 359 – 372.

[120] Lamond J E, Proverbs D G. Resilience to flooding: Lessons from international comparison [C]. Proceedings of the Institution of Civil Engineers-Urban Design and Planning, 2009, 162(DP2), 63 – 70.

[121] Lang M E, Campbel K. Resilience Joint Evaluation and Test Report (JET report) for the case study "SmartResilience Project: ALPHA: Financial System" [R]. Stuttgart: European Virtual Institute for Integrated Risk Management, 2018b.

[122] Larsen R K, Calgaro E, Thomalla F. Governing resilience building in Thailand's tourism-dependent coastal communities: Conceptualising stakeholder agency in social-ecological systems [J]. Global Environmental Change, 2011, 21(2): 481 – 491.

[123] Len K, Jovanović A S, Grtan T O, et al. Assessing resilience of SCIs based on indicators [R]. Stuttgart: European Virtual Institute for Integrated Risk Management, 2017.

[124] Lerner J. Urban Acupuncture: Celebrating Pinpricks of Change That Enrich City Life [M]. Washington: Island Press, 2014.

[125] Levin S A, et al. Resilience in Natural and Socio-Economic Systems [J]. Environment and Development Economics, 1998(3): 222 – 235.

[126] Liao K H. A Theory on Urban Resilience to Floods – A Basis for Alternative Planning Practices [J]. Ecology and Society, 2012, 17(4): 48.

[127] Linkov I, Bridges T, Creutzig F, et al. Changing the resilience paradigm [J]. Nature Climate Change, 2014, 4(6): 407 – 409.

[128] Linkov I, Eisenberg D A, Bates M E, et al. Measurable resilience for actionable policy [J]. Environmental Science & Technology, 2013, 47(18): 10108 – 10110.

[129] Linkov I, Eisenberg D A, Plourde K, et al. Resilience metrics for cyber systems [J]. Environment Systems and Decisions, 2013, 33(4): 471 – 476.

[130] Linkov I, Moberg E. Multi-criteria decision analysis: environmental applications and case studies [M]. Boca Raton: CRC Press, 2020.

[131] Lopez-Marrero T, Tschakert P. From theory to practice: building more resilient communities in flood-prone areas [J]. Environment and Urbanization, 2011, 23(1): 229 – 249.

[132] Lyons M, Cronin C, Davis C, et al. Resilience Joint Evaluation and Test Report (JET report) for the case study "SmartResilience Project: GOLF: Cork City" [R]. Stuttgart: European Virtual Institute for Integrated Risk Management, 2019 c.

[133] Malalgoda C, Amaratunga D, Haigh R. Overcoming challenges faced by local governments in creating a resilient built environment in cities [J]. Disaster Prevention and Management, 2016, 25 (5): 628 – 648.

[134] Mallak L. Resilience in the Healthcare Industry [R]. Banff, Alberta, Canada: Paper presented at the Seventh Annual Engineering Research Conference, 1998.

[135] Manyena S B. The concept of resilience revisited [J]. Disasters, 2006, 30(4): 433 – 450.

[136] Marshall W. The Resilient city: How modern cities recover from disaster

[J]. The Journal of American Culture, 2005, 28(4): 456 – 456.

[137] Martin R, Sunley P. Path Dependence and Regional Economic Evolution[J]. Journal of Economic Geography, 2006, 6(4): 395 – 437.

[138] Martin R. Regional Economic Resilience, Hysteresis and Recessionary Shocks [J]. Journal of Economic Geography, 2012, 12(1): 1 – 32.

[139] Maskrey A, Peduzzi P, Chatenoux B, et al. Revealing Risk, Redefining Development: Global Assessment Report on Disaster Risk Reduction [R]. Geneva, Switzerland: United Nations International Strategy for Disaster Reduction, 2011.

[140] Masten A S. Resilience Comes of Age [M]. New York: Kluwer Academic, 1999: 281 – 296.

[141] Masure P. Variables and indicators of vulnerability and disaster risk for landuse and urban or territorial planning [R]. Manizales: National University of Colombia, 2003.

[142] Mechler R, Mochizuki J, Hochrainer-Stigler S. Disaster Risk Management and Fiscal Policy: Narratives, Tools, and Evidence Associated with Assessing Fiscal Risk and Building Resilience [J]. Poliay Research Working Paper, 2016.

[143] Meerow S, Newell J P, Stults M. Defining urban resilience: A review [J]. Landscape & Urban Planning, 2016, 147: 38 – 49.

[144] Meerow S, Newell J P. Urban resilience for whom, what, when, where, and why? [J]. Urban Geography, 2016, 40: 309 – 329.

[145] Mileti D S. Disasters by Design: A Reassessment of Natural Hazards in the United States [M]. Washington: Joseph Henry Press, 1999.

[146] Mysiak J, Aerts J, Surminski S. Comments on the open-ended intergovernmental expert working group on indicators and terminology relating to disaster risk reduction [R]. Geneva, Switzerland: United Nations, 2016.

[147] Najjar W, Gaudiot J L. Network resilience: A measure of fault tolerance [J]. IEEE Transactions on Computers, 1990, 39(2): 174 – 181.

［148］National Academy of Engineering. Engineering Within Ecological Constraints ［M］. Washington: National Academy Press, 1996.

［149］National Hurricane Center. Tropical Cyclone Report: Hurricane Sandy ［R］. Miami: National Hurricane Center, 2013.

［150］Nyström M, Folke C, Moberg F. Coral reef disturbance and resilience in a human-dominated environment ［J］. Trends in Ecology & Evolution, 2000, 15(10): 413 - 417.

［151］OECD. Resilient Cities Policy Highlights of the OECD Report (Preliminary version) ［R］. Lisbon: the International Roundtable for Cities. 2016.

［152］Ouyang M, Dueñas-Osorio L, Min X. A three-stage resilience analysis framework for urban infrastructure systems ［J］. Structural Safety, 2012, 36 - 37: 23 - 31.

［153］Overseas Development Institute, The World Bank, GFDRR. The Triple Dividend of Resilience: Realising development goals through the multiple benefits of disaster risk management. 2015.

［154］O'Neill R, Marini D, Waide J, et al. A hierarchical concept of ecosystems ［M］. Princeton University Press, 1986.

［155］Paton D, Smith L, Violanti J. Disasters Response: Risk, Vulnerabilities and Resilience ［J］. Disaster Prevention and Management, 2000, 9 (3): 173 - 179.

［156］Pearl R, Slobodkin L. The growth of populations ［J］. The Quarterly Review of Biology, 1976, 51: 6 - 24.

［157］Pelling M. The Vulnerability of Cities: Natural Disasters and Social Resilience ［M］. London: Earthscan, 2003.

［158］Pendall R, Foster K A, Cowell M. Resilience and regions: Building understanding of the metaphor ［J］. Cambridge Journal of Regions, Economy and Society, 2009, 3(1): 71 - 84.

［159］Pickett S T A, Cadenasso M L, Grove J M. Resilient cities: Meaning, models, and metaphor for integrating the ecological, socio-economic, and planning realms [J]. Landscape and Urban Planning, 2003, 69(4), 369 - 384.

[160] Pike A, Dawley S, Tomaney J. Resilience Adaptation and Adaptability [J]. Cambridge Journal of Regions, Economy and Society, 2010(3): 59 - 70.

[161] Pimm S L. The Balance of Nature? Ecological Issues in the Conservation of Species and Communities [M]. Chicago: University of Chicago Press, 1992.

[162] Pimm S L. The complexity and stability of ecosystems [J]. Nature, 1984, 307: 321 - 326.

[163] Ratnayake R M G D, Raufdeen R. Post disaster Housing Reconstruction: Comparative Study of Donor Driven vs. Owner Driven Approach [J]. International Journal of Disaster Resilience in the Built Environment, 2010, 1(2): 173 - 191.

[164] Redman C L, Nelson M C, Kinzig, A. P. The resilience of socioecological landscapes: lessons from the Hohokam, 2009.

[165] Resilient Puerto Rico Advisory Commission. ReImagina Puerto Rico [R]. San Juan: Center for a New Economy (CNE), 2018.

[166] Rinaldi S M. Modeling and Simulating Critical Infrastructures and Their Interdependencies [C]//37th Annual Hawaii International Conference on System Sciences, 2004: 8.

[167] Rodin J. The resilience dividend: Being strong in a world where things go wrong [M]. New York: Public Affairs, 2014.

[168] Rodin J. The Resilience Dividend: Managing disruption, avoiding disaster, and growing stronger in an unpredictable world [M]. Profile Books Ltd. The Rockefeller Foundation, 2015.

[169] Rogers D P. Global Assessment Report on Disaster Risk Reduction [J]. Geneva: United Nations Office for Disaster Risk Reduction, 2011.

[170] Rolf J E. Resilience: An Interview with Norman Garmezy [M]. New York: Kluwer Academic, 1999: 5 - 14.

[171] Roque R, Albrecht N, Brauner F, et al. Resilience Joint Evaluation and Test Report (JET report) for the case study "SmartResilience Project: BRAVO: Smart city" [R]. Stuttgart: European Virtual Institute for Integrated Risk Management, 2018c.

[172] Rose A, Liao S Y. Modelling regional economic resilience to disasters: A computable generable equilibrium analysis of water service disruptions [J]. Journal of Regional Science, 2005,45(1): 75 – 112.

[173] Rossano L. Hyogo Framework for 2005—2015: Building the Resilience of Nations and Communities to Disasters [J]. New York: United Nations, 2011.

[174] Ruhl J B. Panarchy and the Law [J]. Ecology and Society, 2012, 17(3): 31.

[175] Ryan C. Eco-Acupuncture: designing and facilitating pathways for urban transformation, for a resilient low-carbon future [J]. Journal of Cleaner Production, 2013, 50: 189 – 199.

[176] Sahin S, Sanghi A, Fuente A, et al. Natural hazards, unnatural disasters: the economics of effective prevention [M]. Washington: World Bank, 2010.

[177] Sanne, Ekholm H M, Rahmber M. Resilience Joint Evaluation and Test Report (JET report) for the case study "SmartResilience Project: FOXTROT: Drinking water supply system" [R]. Stuttgart: European Virtual Institute for Integrated Risk Management, 2018 g.

[178] Sassen S. Cities in a World Economy [M]. London: Sage Publications, 2011.

[179] Satterthwaite D, Dodman D, Pelling M. Thematic Note Cross-Cutting Theme: Extensive Risk [R]. Urban Africa Risk Knowledge (Urban ARK), International Institue for Environment and Development (IIED), 2016.

[180] Saunders W S A, Becker J S. A discussion of resilience and sustainability: Land use planning recovery from the Canterbury earthquake sequence, New Zealand [J]. International Journal of Disaster Risk Reduction, 2015, 14:

73 – 81.

[181] Schumpeter J A. Capitalism, socialism and democracy [M]. New York: Harper Collins, 1976.

[182] Sharifi A, Yamagata Y. Major principles and criteria for development of an urban resilience assessment index [C]//International Conference and Utility Exhibition 2014 on Green Energy for Sustainable Development. IEEE, 2014.

[183] Shi P J, Xu W, Ye T, et al. Developing Disaster Risk Science: Discussion on the Disaster Reduction Implementation Science [J]. Journal of Natural Disaster Science, 2011, 32(2): 79 – 88.

[184] Spaans M, Waterhout B. Building up resilience in cities worldwide – Rotterdam as participant in the 100 Resilient Cities Programme [J]. Cities, 2016, 61: 109 – 116.

[185] Stockholm Environmental Institute. Resilience and Vulnerability [R]. Poverty and Vulnerability Programme, Global Environmental Change and Food Systems (GECAFS) Project, Stockholm, 2004.

[186] Surminski S, Tanner T. Realising the 'Triple Dividend of Resilience' A New Business Case for Disaster Risk Management [J]. 2016.

[187] The Rockefeller Foundation. Resilient Cities, Resilient Lives, Learning from the 100RC Network [R]. Rotterdam: the 2019 Urban Resilience Summit, 2019.

[188] Thomas T, Mitchell T, Polack E, et al. Urban govermance for adaption: accessing climate change relisience in ten Asian ciries [J]. Ids Working Papers, 2009(315): 1 – 47.

[189] Tobin G A. The Levee Love Affair: A Stormy Relationship? [J]. Journal of the American Water Resources Association, 1995, 31(3): 359 – 367.

[190] Tomczyk A M, White P C L, Ewertowski M W. Effects of extreme natural events on the provision of ecosystem services in a mountain environment: The importance of trail design in delivering system resilience and ecosystem

service co-benefits [J]. Journal of Environmental Management, 2016, 166: 156 – 167.

[191] Tyler S, Moench S. A framework for urban climate resilience[J]. Climate and Development, 2012,4(4): 311 – 326.

[192] UNDRO. Natural Disasters and Vulnerability Analysis: Report of Expert Group Meeting[R]. Geneva: Office of United Nations Disaster Relief Co-Ordinator, 1979.

[193] UNDRR. Making Cities Resilient Report 2019: A Snapshot of how local governments progress in reducing disaster risks in alignment with the Sendai Framework for Disaster Risk Reduction [R]. Geneva: United Nations Office for Disaster Risk Reduction, 2019.

[194] UNISDR. 2015 Global Assessment Report on Disaster Risk Reduction: Making Development Sustainable — The Future of Disaster Risk [M]. New York: United Nations, 2015.

[195] UNISDR. UNISDR Terminology on Disaster Risk Reduction [R]. Geneva, Switzerland: United Nations International Strategy for Disaster Reduction, 2009.

[196] Unt A, Bell S. The impact of small -scale design interventions on the behaviour patterns of the users of an urban wasteland [J]. Urban Forestry & Urban Greening,2014, 13(1): 121 – 135.

[197] Valdes H M. How to Make Cities More Resilient: A Handbook for Mayors and Local Government Leaders [J]. Geneva, Switzerland: United Nations International Strategy for Disaster Reduction, 2017.

[198] van der Brugge R, Rotmans J, Loorbach D A. The transition in Dutch water management [J]. Regional Environmental Change, 2005, 5(4): 164 – 176.

[199] van der Leeuw S E, Leygonie C A. A Long-term Perspective on Resilience in Socio-Natural Systems[M]//Micro Meso Macro: Addressing Complex Systems Couplings, 2017.

[200] Vollmer M (Fraunhofer INT), Walther G (Fraunhofer INT), Jovanović A

(EU-VRi)，et al. Initial Framework for Resilience Assessment [R]. Stuttgart: European Virtual Institute for Integrated Risk Management, 2016 a.

[201] Vorhies F，Wilkinson E. Co-Benefits of Disaster Risk Management [J]. Social Science Electronic Publishing，2016.

[202] Walker B，Holling C S，Carpenter S R，et al. Resilience, adaptability and transform ability in social-ecological systems [J]. Ecology and Society, 2004，9(2): 3438 – 3447.

[203] Walker B，Salt D，Reid W. Resilience Thinking: Sustaining Ecosystems and People in a Chaning World [J]. Northeastorn Naturalist，2006.

[204] Walker B. Resilience practice: building capacity to absorb disturbance and maintain function [M]. Washington: Island Press，2012.

[205] Waller M W. Resilience in Ecosystemic Context: Evolution of the Concept [J]. American Journal of Orthopsychiatry，2001，71(3): 290 – 297.

[206] Walters C J. Adaptive management of renewable resources [M]. New Xork: Collier Macmillan，1986.

[207] Wamsler C，Brink E，Rivera C. Planning for climate change in urban areas: From theory to practice [J]. Journal of Cleaner Production，2013，50: 68 – 81.

[208] Wang C H，Blackmore J M. Resilience Concepts for Water Resource Systems [J]. Journal of Water Resources Planning and Management，2009, 135(6): 528 – 536.

[209] Weingärtner L，Simonet C，Caravani A. Disaster risk insurance and the triple dividend of resilience [M]. London: Overseas Development Institute Working，2017.

[210] Wenger C. Better use and management of levees: reducing flood risk in a changing climate [J]. Environmental Reviews，2015，23(2): 240 – 255.

[211] Wildavsky A. Searching for Safety [M]. New York: Routledge，1988.

[212] Woolf S，Twigg J，Parikh P，et al. Towards measurable resilience: A novel

framework tool for the assessment of resilience levels in slums [J]. International Journal of Disaster Risk Reduction, 2016, 19: 280 - 302.

[213] World Conference on Natural Disaster Reduction. Yokohama Strategy and Plan of Action for a Safer World - Guidelines for Natural Disaster Prevention, Preparedness and Mitigation World Conference on Natural Disaster Reduction [R]. Yokohama, Japan: United Nations, 1995.

[214] Zoltán S, Nils A, Per A, et al. Resilience Joint Evaluation and Test Report (JET report) for the case study "SmartResilience Project: INDIA: Integrated smart critical infrastructures" [R]. Stuttgart: European Virtual Institute for Integrated Risk Management, 2019e.

[215] Øien K, Bodsberg L, Hoem A, et al. Supervised RIs: Defining resilience indicators based on risk assessment frameworks [R]. Stuttgart: European Virtual Institute for Integrated Risk Management, 2017d.

[216] Øien K, Jovanović A, Bodsberg L, et al. Guideline for assessing, predicting and monitoring resilience of Smart Critical Infrastructures [R]. Stuttgart: European Virtual Institute for Integrated Risk Management, 2019a.

[217] 蔡建明,郭华,汪德根. 国外弹性城市研究述评[J]. 地理科学进展,2012, 31(10): 1245 - 1255.

[218] 蔡竹君. 气候变化影响下城市韧性发展策略的国际经验研究[D]. 南京:南京工业大学,2018.

[219] 陈安,师钰. 韧性城市的概念演化及评价方法研究综述[J]. 生态城市与绿色建筑,2018(1): 14 - 19.

[220] 陈伯蠡,冯韵芬,龚国尚等. 9%Ni 钢多道焊热影响区的韧性问题[J]. 清华大学学报(自然科学版),1985(4): 16 - 25.

[221] 陈德亮,秦大河,效存德等. 气候恢复力及其在极端天气气候灾害管理中的应用[J]. 气候变化研究进展,2019,15(2): 167 - 177.

[222] 陈利,朱喜钢,孙洁. 韧性城市的基本理念、作用机制及规划愿景[J]. 现代城市研究,2017(9): 18 - 24.

［223］陈长坤,陈以琴,施波等.雨洪灾害情境下城市韧性评估模型[J].中国安全科学学报,2018,28(4)：1－6.

［224］陈政辉.基于突发事件演化仿真的前馈型应急管理研究[D].广州：暨南大学,2014.

［225］邓位.化危机为机遇：英国曼彻斯特韧性城市建设策略[J].城市与减灾,2017(4)：66－70.

［226］范维澄,刘奕,翁文国.公共安全科技的"三角形"框架与"4＋1"方法学[J].科技导报,2009,27(6)：3.

［227］范维澄,刘奕.城市公共安全体系架构分析[J].城市管理与科技,2009(5)：38－41.

［228］范维澄,晓讷.公共安全的研究领域与方法[J].劳动保护,2012(12)：70－71.

［229］范维澄.构建智慧韧性城市的思考与建议[J].中国建设信息化,2015(21)：20－21.

［230］费璇,温家洪,杜士强等.自然灾害恢复力研究进展[J].自然灾害学报,2014,23(6)：19－31.

［231］顾林生,马东周,崔西孟.第六届全球减灾平台大会：内容、成果与启示[J].中国减灾,2019(13)：20－29.

［232］国务院办公厅印发《国家综合防灾减灾规划(2016—2020年)》[J].中国应急管理,2017(1)：27－31.

［233］何继新,荆小莹.城市公共物品韧性治理：学理因由、进展经验及推进方略[J].理论探讨,2017(5)：169－174.

［234］黄弘,李瑞奇,范维澄等.安全韧性城市特征分析及对雄安新区安全发展的启示[J].中国安全生产科学技术,2018,14(7)：5－11.

［235］黄晓军,黄馨.弹性城市及其规划框架初探[J].城市规划,2015,39(2)：50－56.

［236］贾楠,陈永强,郭旦怀等.社区风险防范的三角形模型构建及应用[J].系统工程理论与实践,2019,39(11)：2855－2864.

［237］金磊.韧性京津冀：大城市群综合减灾建设新策[J].城市与减灾,2017(4)：

56－60.

[238] 金书森,王绍玉.城市给水系统灾害恢复力的地震鲁棒性分析[J].土木建筑与环境工程,2012(S1):209－214.

[239] 金书森.城市供水系统地震灾害风险及恢复力研究[D].哈尔滨:哈尔滨工业大学,2014.

[240] 李刚,徐波.中国城市韧性水平的测度及提升路径[J].山东科技大学学报(社会科学版),2018,20(2):83－89,116.

[241] 李晶云,谷洪波.农业洪涝灾害受灾体脆弱性、恢复力及其影响因素分析[J].沈阳农业大学学报(社会科学版),2012,14(5):519－522.

[242] 李梦萍.气候灾害下黄土高原涉果企业恢复力研究[D].咸阳:西北农林科技大学,2018.

[243] 李宁,张正涛.灾害恢复力的量化方法讨论与实证研究[J].阅江学刊,2018(2):38－43,144.

[244] 李强,陈志龙,赵旭东.地震灾害下城市生命线体系恢复力双维度综合评估[J].土木工程学报,2017,50(2):65－72.

[245] 李彤玥,顾朝林.中国弹性城市指标体系研究[A]. Proceedings of 2014 2nd International Conference on Social Sciences Research [C]. Singapore: Singapore Management and Sports Science Institute,2014.

[246] 李彤玥.韧性城市研究新进展[J].国际城市规划,2017,32(5):15－25.

[247] 李鑫,罗彦.基于城市公共安全的韧性城市构建和规划思考[J].城市,2017(10):41－48.

[248] 李杨,张亮.智能城市系统恢复力评价体系及区域差异研究[J].科技创新导报,2011(11):33－35.

[249] 廖桂贤,林贺佳,汪洋.城市韧性承洪理论——另一种规划实践的基础[J].国际城市规划,2015,30(2):36－47.

[250] 刘丹.弹性城市的规划理念与方法研究[D].杭州:浙江大学,2015.

[251] 刘婧,史培军,葛怡等.灾害恢复力研究进展综述[J].地球科学进展,2006,21(2):211－218.

[252] 刘玮.多灾种重大灾害风险与城市韧性研究——保险机制的嵌入[N].中国

保险报,2019-02-15.

[253] 刘严萍,王慧飞,钱洪伟等. 城市韧性：内涵与评价体系研究[J]. 灾害学,2019,34(1)：8-12.

[254] 刘耀龙,陈振楼,王军等. 经常性暴雨内涝区域房屋财(资)产脆弱性研究——以温州市为例[J]. 灾害学,2011,26(2)：66-71.

[255] 刘耀龙. 广布型风险：减轻灾害风险的新视角[M]. 北京：气象出版社. 2019.

[256] 刘奕,倪顺江,翁文国等. 公共安全体系发展与安全保障型社会[J]. 中国工程科学,2017,19(1)：118-123.

[257] 卢文超,李琳. 黄石市韧性城市建设的调查与思考[J]. 城市,2016(11)：28-33.

[258] 陆守香,陈潇,吴晓伟. 舰船消防安全工程研究现状[J]. 中国舰船研究,2017,12(5)：1-12.

[259] 倪晓露,黎兴强. 韧性城市评价体系的三种类型及其新的发展方向[J]. 国际城市规划,2021,36(3)：76-82.

[260] 欧阳虹彬,叶强. 弹性城市理论演化述评：概念、脉络与趋势[J]. 城市规划,2016,40(3)：34-42.

[261] 庞宇. 韧性城市视角下基层公共安全的风险治理[J]. 陕西行政学院学报,2018,32(4)：62-65.

[262] 全美艳,陈易. 国外韧性城市评价体系方式简析[J]. 住宅科技,2019,39(2)：1-6.

[263] 邵亦文,徐江. 城市韧性：基于国际文献综述的概念解析[J]. 国际城市规划,2015,30(2)：48-54.

[264] 申佳可,王云才. 基于韧性特征的城市社区规划与设计框架[J]. 风景园林,2017(3)：98-106.

[265] 申佳可,王云才. 韧性城市社区规划设计的3个维度[J]. 风景园林,2018,25(12)：65-69.

[266] 沈迟,胡天新. 韧性城市：化解城市灾害的新理念[J]. 城市与减灾,2017(4)：1-4.

[267] 石婷婷. 从综合防灾到韧性城市：新常态下上海城市安全的战略构想[J].
上海城市规划,2016(1)：13 - 18.

[268] 史培军,吕丽莉,汪明等. 灾害系统：灾害群、灾害链、灾害遭遇[J]. 自然灾
害学报，2014,23(6)：1 - 12.

[269] 史培军. 气候变化风险及其综合防范[J]. 保险理论与实践,2016(1)：
69 - 85.

[270] 孙晶,王俊,杨新军. 社会—生态系统恢复力研究综述[J]. 生态学报,
2007(12)：5371 - 5381.

[271] 孙可兴,张晓芒. "取象比类"与《黄帝内经》"藏象说"逻辑建构[J]. 湖北大学
学报(哲学社会科学版),2017,44(6)：62 - 68,168.

[272] 汤巧玲,宋佳. 张家玮等. 五运六气与气候关联性研究的现状分析[J]. 中医
杂志,2015,56(12)：1069 - 1072.

[273] 唐桂娟. 城市灾害恢复力指标体系的构建与综合评价[J]. 广州大学学报(社
会科学版),2017,16(2)：31 - 37.

[274] 陶懿君. 城市韧性设计的实践路径——以韧性思考助力城市规划与都市治
理[J]. 中国房地产业,2018(30)：66 - 67.

[275] 滕五晓,罗翔,万蓓蕾等. 韧性城市视角的城市安全与综合防灾系统——以
上海市浦东新区为例[J]. 城市发展研究,2018,25(3)：39 - 46.

[276] 汪辉,王涛,象伟宁. 城市韧性研究的巴斯德范式剖析[J]. 中国园林,2019,
35(7)：51 - 55.

[277] 汪兴玉. 黄土高原典型农村社会——生态系统适应性循环机制及对干旱的
恢复力[D]. 2008,西安：西北大学.

[278] 王峤,曾坚,臧鑫宇. 城市综合防灾中的韧性思维与非工程防灾策略[J]. 天
津大学学报(社会科学版),2018,20(6)：532 - 538.

[279] 王树芬. 从古代自然灾害史料中探讨运气格局的科学性[J]. 中国中医基础
医学杂志,2006(6)：467 - 469.

[280] 王祥荣,谢玉静,徐艺扬等. 气候变化与韧性城市发展对策研究[J]. 上海城
市规划,2016(1)：26 - 31.

[281] 王小娟. 基于三角形理论区域公共安全规划若干问题研究[D]. 青岛：青岛

理工大学,2013.

[282] 吴波鸿,陈安.韧性城市恢复力评价模型构建[J].科技导报,2018,36(16)：
94-99.

[283] 吴晓萍.气候灾害下黄土高原农户生计恢复力研究[D].咸阳：西北农林科
技大学,2019.

[284] 吴盈颖,王竹.城市针灸：贫民窟"再生"的催化研究[J].华中建筑,2016,
34(1)：29-33.

[285] 吴中平.都市肌理的"针灸术"——"微小"介入的"巨大"效应[J].新建筑,
2015(3)：4-8.

[286] 肖冰.基于公共安全三角形理论的保护层方法在滨江化工园区的应用研究
[D].常州：常州大学,2015.

[287] 肖飞.城市针灸中的小规模干预探究——以荷兰鹿特丹勃格波德居住区项
目为例[J].中外建筑,2016(10)：101-103.

[288] 肖文涛,王鹭.韧性城市：现代城市安全发展的战略选择[J].东南学术,
2019(2)：89-99,246.

[289] 谢起慧.发达国家建设韧性城市的政策启示[J].科学决策,2017(4)：
60-75.

[290] 徐耀阳,李刚,崔胜辉等.韧性科学的回顾与展望：从生态理论到城市实践
[J].生态学报,2018,38(15)：5297-5304.

[291] 许兆丰,田杰芳,张靖.防灾视角下城市韧性评价体系及优化策略[J].中国
安全科学学报,2019,29(3)：1-7.

[292] 杨丽娇,蒋新宇,张继权.自然灾害情景下社区韧性研究评述[J].灾害学,
2019,34(4)：159-164.

[293] 翟国方,邹亮,马东辉等.城市如何韧性[J].城市规划,2018,42(2)：42-
46,77.

[294] 翟亚飞.韧性城市理念下城市综合防灾规划研究[A].共享与品质——2018
中国城市规划年会论文集(01城市安全与防灾规划)[C].北京：中国城市
规划学会,中国建筑工业出版社,2018：63-80.

[295] 张鼎华,李嘉莉,孔云茹.台风灾害下广东省沿海城市生命线系统安全规划

研究[J].广州大学学报(社会科学版),2018,17(2):27-33.

[296] 张鼎华,谭诺,李嘉莉等.基于"三角形"框架的食源性畜禽产品质量安全突发事件分析[J].科技管理研究,2016,36(15):217-222.

[297] 张家年.国家安全保障视角下安全情报与战略抗逆力融合研究——伊朗核设施遭"震网"冶病毒攻击事件的启示[J].情报杂志,2018(2):8-14,44.

[298] 张垒.韧性城市规划探索[J].四川建筑,2017,37(6):4-5,8.

[299] 张明斗,冯晓青.韧性城市的建设框架及推进策略研究[J].广西城镇建设,2018(12):10-23.

[300] 张珍珍,程伟.韧性城市理念下城市减灾防灾规划初探[A].2019城市发展与规划论文集[C].北京:中国城市科学研究会,2019.

[301] 张正涛,李宁,冯介玲等.从重建资金与效率角度定量评估灾后经济恢复力的变化——以武汉市"2016.07.06"暴雨洪涝灾害为例[J].灾害学,2018,33(4):211-216.

[302] 赵方杜,石阳阳.社会韧性与风险治理[J].华东理工大学学报(社会科学版),2018,33(2):17-24.

[303] 赵旭东,陈志龙,龚华栋等.关键基础设施体系灾害毁伤恢复力研究综述[J].土木工程学报,2017,50(12):62-71.

[304] 郑艳,林陈贞.韧性城市的理论基础与评估方法[J].城市,2017(6):22-28.

[305] 郑艳,张万水.从《黄帝内经》看"韧性城市"建设的理与法[J].城市发展研究,2019,26(5):1-7,93.

[306] 郑艳,张万水.建设有中国特色的韧性城市——以中医思维的系统治理理念为启发[J].广西城镇建设,2018(12):24-39.

[307] 钟茂华,孟洋洋.安全生产韧性管理对雄安新区发展的借鉴[J].中国安全生产科学技术,2018,14(8):12-17.

[308] 周蕾,吴先华,吉中会.考虑恢复力的洪涝灾害损失评估研究进展[J].自然灾害学报,2017,26(02):11-21.

[309] 周利敏,原伟麒.迈向韧性城市的灾害治理——基于多案例研究[J].经济社会体制比较,2017(5):22-33.

[310] 周利敏. 从结构式减灾到非结构式减灾：国际减灾政策的新动向[J]. 中国行政管理，2013(12)：94-100.

[311] 周利敏. 从经典灾害社会学、社会脆弱性到社会建构主义——西方灾害社会学研究的最新进展及比较启示[J]. 广州大学学报(社会科学版)，2012，11(6)：29-35.

[312] 周利敏. 从自然脆弱性到社会脆弱性：灾害研究的范式转型[J]. 思想战线，2012，38(2)：11-15.

[313] 周利敏. 韧性城市：风险治理及指标建构——兼论国际案例[J]. 北京行政学院学报，2016(2)：13-20.

[314] 周睿，陈鹏，胡啸峰等. 雄安新区城市化进程中人口风险驱动的社会治理策略初探[J]. 中国安全生产科学技术，2018，14(8)：5-11.

[315] 周晓芳. 从恢复力到社会—生态系统：国外研究对我国地理学的启示[J]. 世界地理研究，2017，26(4)：156-167，155.

[316] 周晓芳. 社会—生态系统恢复力的测量方法综述[J]. 生态学报，2017，37(12)：4278-4288.

[317] 周子勋. 我国城市发展转型亟待突破六大瓶颈[N]. 上海证券报，2016-02-23(A02).

[318] 吴绍洪，高江波，韦炳干等. 自然灾害韧弹性社会的理论范式[J]. 地理学报，2021，76(5)：1136-1147.

[319] 王军，李梦雅，吴绍洪. 多灾种综合风险评估与防范的理论认知：风险防范"五维"范式[J]. 地球科学进展，2021，36(6)：553-563.

[320] 王军，谭金凯. 气候变化背景下中国沿海地区灾害风险研究与应对思考[J]. 地理科学进展，2021，40(5)：870-882.

[321] 王军，叶明武，李响等. 城市自然灾害风险评估与应急响应方法研究[M]. 北京：科学出版社，2013.